U0202018

市政公用工程
管理与实务

考霸笔记

全彩版

全国一级建造师执业资格考试考霸笔记编写委员会　编写

中国建筑工业出版社
中国城市出版社

全国一级建造师执业资格考试考霸笔记

编写委员会

前　言

从每年一级建造师考试数据分析来看，一级建造师考试考查的知识点和题型呈现综合性、灵活性的特点，考试难度明显加大，然而枯燥的文字难免让考生望而却步。为了能够帮助广大考生更容易理解考试用书中的内容，我们编写了这套"全国一级建造师执业资格考试考霸笔记"系列丛书。

这套丛书由建造师执业资格考试培训老师根据"考试大纲"和"考试教材"对执业人员知识能力要求，以及对历年考试命题规律的总结，通过图表结合的方式精心组织编写。本套丛书是对考试用书核心知识点的浓缩，旨在帮助考生梳理和归纳核心知识点。

本系列丛书共 7 分册，分别是《建设工程经济考霸笔记》《建设工程项目管理考霸笔记》《建设工程法规及相关知识考霸笔记》《建筑工程管理与实务考霸笔记》《机电工程管理与实务考霸笔记》《市政公用工程管理与实务考霸笔记》《公路工程管理与实务考霸笔记》。

本系列丛书包括以下几个显著特色：

考点聚焦　本套丛书运用思维导图、流程图和表格将知识点最大限度地图表化，梳理重要考点，凝聚考试命题的题源和考点，力求切中考试中 90% 以上的知识点；通过大量的实操图对考点进行形象化的阐述，并准确记忆、掌握重要知识点。

重点突出　编写委员会通过研究分析近年考试真题，根据考核频次和分值划分知识点，通过星号标示重要性，考生可以据此分配时间和精力，以达到用较少的时间取得较好的考试成绩的目的。同时，还通过颜色标记提示考生要特别注意的内容，帮助考生抓住重点，突破难点，科学、高效地学习。

贴心提示　本套丛书将不好理解的知识点归纳总结记忆方法、命题形式，提供复习指导建议，帮助考生理解、记忆，让备考省时省力。

[书中红色字体标记表示重点、易考点、高频考点；蓝色字体标记表示次重点]。

此外，为行文简洁明了，在本套丛书中用"[14、21年单选，15年多选，20年案例]"表示"2014、2021年考核过单项选择题，2015年考核过多项选择题，2020年考核过实务操作和案例分析题。"

为了使本套丛书尽早与考生见面，满足广大考生的迫切需求，参与本套丛书策划、编写和出版的各方人员都付出了辛勤的劳动，在此表示感谢。

本套丛书在编写过程中，虽然几经斟酌和校阅，但由于时间仓促，书中难免会出现不当之处和纰漏，恳请广大读者提出宝贵意见，并对我们的疏漏之处进行批评和指正。

目 录

1K430000　市政公用工程项目施工相关法规与标准

1K410000 市政公用工程技术

1K411000 城镇道路工程

1K411010 城镇道路工程结构与材料

【考点1】城镇道路分类与分级（☆☆☆）[16年单选]

1. 城镇道路分类

我国城镇道路根据道路在城镇规划道路系统中所处的地位，划分为快速路、主干路、次干路及支路。

路面结构的设计工作年限（年）　　　　　　　　　表 1K411010-1

道路等级	路面结构类型	
	沥青路面	水泥混凝土路面
快速路	15	30
主干路	15	30
次干路	15	20
支路	10	20

 注意上表的路面结构的设计使用年限（年），该知识点可以直接考查设计使用年限，也可以根据使用年限选择相适应的道路等级。

2. 城镇道路路面分类

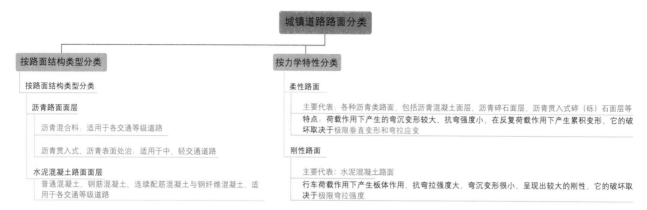

图 1K411010-1　城镇道路路面分类

 注意上图中红色、蓝色字体内容，为该知识点的出题点。

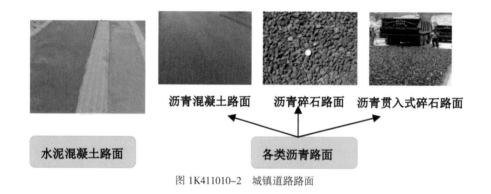

图 1K411010-2　城镇道路路面

3. 道路横断面示意图

图 1K411010-3　道路横断面示意图（单位：cm）

【考点2】沥青路面结构组成特点（☆☆☆☆☆）

[13、15、17、18、19、20、22年单选，14、17、18、21年多选，21年案例]

1．沥青路面结构组成基本原则

◆城镇沥青路面是城市道路的典型路面，道路结构由面层、基层和路基组成，层间结合必须紧密稳定，以保证结构的整体性和应力传递的连续性。

◆行车载荷和自然因素对路面结构的影响随深度的增加而逐渐减弱，因而对路面材料的强度、刚度和稳定性的要求也随深度的增加而逐渐降低。

◆面层、基层的结构类型及厚度应与交通量及载重量相适应。

◆按使用要求、受力状况、土基支承条件和自然因素影响程度的不同，在路基顶面采用不同规格和要求的材料分别铺设基层和面层等结构层。

 选择题考点，记住上述内容即可。

2．沥青道路结构图

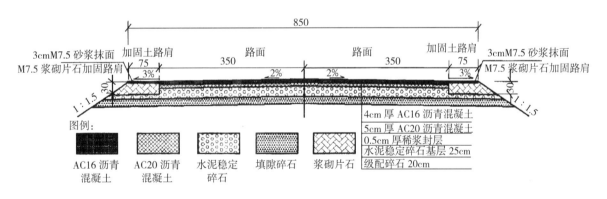

图 1K411010-4　沥青道路结构图（单位：cm）

3．沥青路面路基、基层、面层分类与材料

沥青路面路基、基层、面层分类与材料　　　　　　　　　表 1K411010-2

结构组成	分类	材料
路基	可分为土方路基、石方路基、特殊土路基	（1）高液限黏土、高液限粉土及含有机质的细粒土：不适于做路基填料。 （2）地下水位高时，宜提高路基顶面标高。 （3）岩石或填石路基顶面应铺设整平层。整平层可采用未筛分碎石和石屑或低剂量水泥稳定粒料，其厚度一般为 100～150mm

结构组成	分类	材料
基层	可分为基层和底基层	（1）应根据道路交通等级和路基抗冲刷能力来选择基层材料。湿润和多雨地区，宜采用排水基层。底基层可采用级配粒料、水泥稳定粒料或石灰粉煤灰稳定粒料等。 （2）常用的基层材料： ①无机结合料稳定粒料基层：属于半刚性基层，包括石灰稳定土类基层、石灰粉煤灰稳定砂砾基层、石灰粉煤灰钢渣稳定土类基层、水泥稳定土类基层等（适用于交通量大、轴载重的道路）；所用的工业废渣（粉煤灰、钢渣等）。 ②级配型材料：包括级配砂砾与级配砾石基层，属于柔性基层，可用作城市次干路及其以下道路基层
面层	可划分为上（表）面层、中面层、下（底）面层 口助诀记 上中下。	（1）热拌沥青混合料面层：热拌沥青混合料（HMA），包括SMA（沥青玛琋脂碎石混合料）和OGFC（大空隙开级配排水式沥青磨耗层）等嵌挤型热拌沥青混合料，适用于各种等级道路的面层，其种类应按集料公称最大粒径、矿料级配、孔隙率划分。 口助诀记 配大孔。 （2）冷拌沥青混合料面层：冷拌沥青混合料适用于支路及其以下道路的面层、支路的表面层，以及各级沥青路面的基层、连接层或整平层；冷拌改性沥青混合料可用于沥青路面的坑槽冷补（能考施工步骤案例的）。 （3）温拌沥青混合料面层：温拌沥青混合料是通过在混合料拌制过程中添加合成沸石产生发泡润滑作用、拌合温度120~130℃条件下生产的沥青混合料，与热拌沥青混合料的适用范围相同。 （4）沥青贯入式面层：沥青贯入式面层宜用作城市次干路以下道路面层，其主石料层厚度不宜超过100mm。 （5）沥青表面处治面层：沥青表面处治面层主要起防水层、磨耗层、防滑层或改善碎（砾）石路面的作用

直击考点 上述内容一般考查选择题，偶尔考查案例题，记住上述标注颜色字体即可。

4. 沥青路面结构层与性能要求

沥青路面结构层与性能要求　　　　　　　　　表1K411010-3

结构层	性能要求
路基	（1）是道路的支撑结构物。 （2）性能主要指标：整体稳定性、变形量控制

续表

结构层	性能要求
垫层	（1）主要设置在温度和湿度状况不良的路段上，以改善路面结构的使用性能。 （2）性能主要指标： ①垫层宜采用砂、砂砾等颗粒材料。 ②排水垫层应与边缘排水系统相连接，厚度宜大于150mm，宽度不宜小于基层底面的宽度
基层	（1）是路面结构中的承重层，主要承受车辆荷载的竖向力，并把面层下传的应力扩散到路基。 （2）性能主要指标： ①应满足结构强度、扩散荷载的能力以及水稳性和抗冻性的要求。 ②不透水性好
面层	（1）直接同行车和大气相接触，承受行车荷载引起的竖向力、水平力和冲击力的作用，同时又受降水的侵蚀作用和温度变化的影响。 （2）路面使用指标：口诀助记　平城温抗噪。 ①承载能力：路面必须满足设计年限的使用需要，具有足够的抗疲劳破坏和塑性变形的能力，即具备相当高的强度和刚度。 ②平整度。 ③温度稳定性：路面必须保持较高的稳定性，即具有较低的温度、湿度敏感度。 ④抗滑能力。 ⑤噪声量：上面层采用OGFC沥青混合料，中面层、下面层等采用密级配沥青混合料——降噪排水路面的面层结构

直击考点　上述内容一般考查选择题，并且可考点较多，记住上表内容即可。

【考点3】水泥混凝土路面构造特点（☆☆☆☆）[17、21年单选，13、19、21年多选]

1. 水泥混凝土路面构造示意图

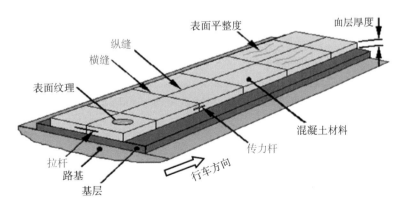

图 1K411010-5　水泥混凝土路面构造示意图

2．水泥混凝土路面构造特点

垫层	基层	面层
（1）水泥混凝土道路应设置垫层。 （2）垫层的宽度应与路基宽度相同，其最小厚度为150mm。 （3）水文地质条件不良的土质路堑，路基土湿度较大时，宜设置排水垫层。 （4）路基可能产生不均匀沉降或不均匀变形时，宜加设半刚性垫层。 （5）防冻垫层和排水垫层宜采用砂、砂砾等颗粒材料。 （6）半刚性垫层宜采用低剂量水泥、石灰等无机结合稳定粒料或土类材料	（1）水泥混凝土道路基层作用：防止或减轻由于唧泥导致的板底脱空和错台等病害；与垫层共同作用，可控制或减少路基不均匀冻胀或体积变形对混凝土面层产生的不利影响。 （2）基层材料的选用原则：根据道路交通等级和路基抗冲刷能力来选择基层材料。 ①特重交通：宜选用贫混凝土、碾压混凝土或沥青混凝土。 ②重交通道路：宜选用水泥稳定粒料或沥青稳定碎石。 ③中、轻交通道路：宜选择水泥或石灰粉煤灰稳定粒料或级配粒料。 ④湿润和多雨地区、繁重交通路段宜采用排水基层。	（1）目前我国多采用普通（素）混凝土。 （2）接缝： ①纵向接缝：根据路面宽度和施工铺筑宽度设置。 一次铺筑宽度小于路面宽度时，应设置带拉杆的平缝形式的纵向施工缝。 一次铺筑宽度大于4.5m时，应设置带拉杆的假缝形式的纵向缩缝，纵缝应与线路中线平行。 ②横向接缝：横向缩缝、胀缝和横向施工缝。 横向施工缝尽可能选在缩缝或胀缝处。快速路、主干路的横向胀缝应加设传力杆；在邻近桥梁或其他固定构筑物处、板厚改变处、小半径平曲线等处，应设置胀缝。 （3）抗滑构造：可采用刻槽、压槽、拉槽或拉毛等方法形成一定的构造深度

图 1K411010-6 水泥混凝土路面构造特点

 直击考点 选择题考点，可考点较多，理解＋记忆。

小结 纵向接缝——设拉杆。

横向接缝：胀缝、施工缝——设传力杆；缩缝——快速路、主干路设传力杆，次干路、支路不设传力杆。

唧泥　　　　　　　　　　　　　　错台

图 1K411010-7 水泥混凝土道路基层病害

3．水泥混凝土路面主要原材料选择（选择题考点）

 直击考点 注意下述内容的数值类规定。

◆重交通以上等级道路、城市快速路、主干路应采用42.5级及以上的道路硅酸盐水泥或硅酸盐水泥、普通硅酸盐水泥；其他道路可采用矿渣硅酸盐水泥，其强度等级不宜低于32.5级。

◆粗集料的最大公称粒径，碎砾石不得大于26.5mm，碎石不得大于31.5mm，砾石不宜大于19.0mm；钢纤维混凝土粗集料最大粒径不宜大于19.0mm。

◆宜采用质地坚硬、细度模数在2.5以上，符合级配规定的洁净粗砂、中砂。海砂不得直接用于混凝土面层。

◆钢筋的品种、规格、成分应符合规定，具有生产厂的牌号、炉号，检验报告与合格证，并经复试（含见证取样）合格。

◆胀缝板宜用厚20mm。填缝材料宜用树脂类、橡胶类、聚氯乙烯胶泥类、改性沥青类填缝材料。

【考点4】沥青混合料组成与材料（☆☆☆☆）[14、19、21、22年单选，20年多选]

1．沥青混合料结构类型

◆按材料组成及结构分为连续级配、间断级配。

◆按矿料级配组成及空隙率大小分为密级配、半开级配、开级配。

◆按级配原则构成的沥青混合料，其结构组成通常有下列三种形式：

 直击考点 下表主要考查第三、四、五列。

沥青混合料结构类型				表 1K411010-4
结构类型	结构图	内摩擦角 φ	黏聚力 c	典型代表
悬浮－密实结构		较小	较大	AC 型沥青混合料
骨架－空隙结构		较高	较低	沥青碎石混合料（AM）OGFC 排水沥青混合料
骨架－密实结构		较高	较高	沥青玛碲脂碎石混合料（简称 SMA）

2．沥青混合料主要材料与性能

 直击考点 沥青混合料主要材料沥青、粗集料、细集料、矿粉、纤维稳定剂。在考试中主要考查沥青、细集料的性能，其余三种材料性能考生自行复习，此处不再阐述。

（1）沥青：

城镇道路面层宜优先采用 A 级沥青，B 级沥青可作为次干路及其以下道路面层使用，不宜使用煤沥青。其主要技术性能如下：

◆粘结性：对高等级道路，夏季高温持续时间长、重载交通、停车场等行车速度慢的路段，尤其是汽车荷载剪应力大的结构层，宜采用稠度大（针入度小）的沥青；对冬季寒冷地区、交通量小的道路宜选用稠度小的沥青。当需要满足高、低温性能要求时，应优先考虑高温性能的要求。

◆感温性：指沥青材料的粘度随温度变化的感应性。表征指标之一是软化点。

◆耐久性：有足够的抗老化性能（即耐久性），使沥青路面具有较长的使用年限。

◆塑性：沥青材料在外力作用下发生变形而不被破坏的能力，即反映沥青抵抗开裂的能力。

◆安全性：通过闪点试验测定沥青加热点闪火的温度——闪点，确定它的安全使用范围。沥青越软（标号高），闪点越小。

（2）细集料：

◆热拌密级配沥青混合料中天然砂用量不宜超过集料总量的 20%，SMA、OCFC 不宜使用天然砂。

【考点 5】沥青路面材料的再生应用（☆☆☆）[15 年单选，20 年多选]

1．再生机理

再生机理

- 沥青路面材料的再生，关键在于沥青的再生
- 旧沥青路面现场热再生是用组合加热机械将原有老化路面的沥青混凝土熔化，再用加热的耙松机械将其耙松，掺入定量的再生剂和新沥青料，并用摊铺机重新摊铺、碾压，使旧路变成新路面

图 1K411010-8　再生机理

图 1K411010-9　沥青耙松机械

2．再生剂技术要求与生产工艺

直击考点　选择题考点，记住下述内容即可。

再生剂技术要求与生产工艺　　表 1K411010-5

项目	内容
技术要求 口助诀记：张奶奶分榴梿。	（1）具有软化与渗透能力，即具备适当的粘度。 （2）具有良好的流变性质。 （3）具有溶解分散沥青质的能力。 （4）具有较高的表面张力。 （5）必须具有良好的耐热性和耐候性
生产工艺	（1）目前再生沥青混合料最佳沥青用量的确定方法采用马歇尔试验方法。 （2）再生沥青混合料性能试验指标有：空隙率、矿料间隙率、饱和度、马歇尔稳定度、流值等。（口助诀记：空旷留宝马。） （3）再生沥青混合料的检测项目有车辙试验动稳定度、残留马歇尔稳定度、冻融劈裂抗拉强度比等（口助诀记：车冻残。）

【考点6】不同形式挡土墙的结构特点（☆☆☆☆☆）
[14、17、21年单选，22年多选，21年案例]

1. 常见挡土墙的结构形式及特点

挡土墙结构形式及特点　　　　　　　　　表 1K411010-6

类型	结构示意图	结构特点
重力式		（1）依靠墙体的自重抵抗墙后土体的侧向推力（土压力），以维持土体稳定。 （2）一般用浆砌片（块）石砌筑，缺乏石料地区可用混凝土砌块或现场浇筑混凝土。 （3）形式简单，就地取材，施工简便
		（1）依靠墙体自重抵挡土压力作用。 （2）在墙背设少量钢筋，并将墙趾展宽（必要时设少量钢筋）或基底设凸榫抵抗滑动。 （3）可减薄墙体厚度，节省混凝土用量
衡重式		（1）上墙利用衡重台上填土的下压作用和全墙重心的后移增加墙体稳定。 （2）墙胸坡陡，下墙倾斜，可降低墙高，减少基础开挖
钢筋混凝土悬臂式		（1）采用钢筋混凝土材料，由立壁、墙趾板、墙踵板三部分组成。 （2）墙高时，立壁下部弯矩大，配筋多，不经济。 （3）主要依靠底板上的填土重量维持挡土构筑物的稳定
钢筋混凝土扶壁式		（1）沿墙长，隔相当距离加筑肋板（扶壁），使墙面与墙踵板连接。 （2）比悬臂式受力条件好，在高墙时较悬臂式经济。 （3）由底板及固定在底板上的墙面板和扶壁构成，主要依靠底板上的填土重量维持挡土构筑物的稳定
带卸荷板的柱板式		（1）由立柱、底梁、拉杆、挡板和基座组成，借卸荷板上的土重平衡全墙。 （2）基础开挖较悬臂式少。 （3）可预制拼装，快速施工
自立式（尾杆式）		（1）由拉杆、挡板、立柱、锚锭块组成，靠填土本身和拉杆、锚锭块形成整体稳定。 （2）结构轻便、工程量节省，可以预制、拼装，施工快速、便捷。 （3）基础处理简单，有利于地基软弱处进行填土施工，但分层碾压需慎重，土也要有一定选择

类型	结构示意图	结构特点
锚杆式	肋柱　岩层分界线　锚杆　岩石　预制挡板	（1）由肋柱、挡板和锚杆组成，靠锚杆固定在岩体内拉住肋柱。 （2）锚头为楔缝式或砂浆锚杆。 （3）依靠固定在岩石或可靠地基上的锚杆维持稳定的挡土建筑物
加筋土	拉筋　面板　填土　基础	（1）加筋土挡墙是填土、拉筋和面板三者的结合体。拉筋与土之间的摩擦力及面板对填土的约束，使拉筋与填土结合成一个整体的柔性结构，能适应较大变形，可用于软弱地基，耐震性能好于刚性结构。依靠墙后布置的土工合成材料减少的压力以维持稳定的挡土建筑物。 （2）可解决很高的垂直填土，减少占地面积。 （3）挡土面板、加筋条定型预制，现场拼装，土体分层填筑，施工简便、快速、工期短。 （4）造价较低，为普通挡墙（结构）造价的40% ~ 60%。 （5）立面美观、造型轻巧，与周围环境协调

（1）上表内容可以考查选择题、案例题，并且可考点较多，需理解记忆。

（2）考查形式小结：

①考查选择题时，可以这样命题：根据题目给出的挡土墙示意图去选择正确的挡土墙结构形式；描述某一挡土墙的结构特点，选择正确的说法或者错误的说法；题目描述某一挡土墙的结构特点，选择相适宜的挡土墙结构形式；

②考查案例题时：可以考查案例分析题：根据案例背景示意图，判断挡土墙结构形式类型；可以考查案例计算题：根据案例背景示意图，计算某一段挡土墙基础方桩的根数；可以考查案例施工工序题目：根据背景资料，要求正确写出背景示意图中的相关工序名称；可以考查案例简答题：根据案例背景，重力式挡土墙的结构特点有哪些？

2．挡土墙结构受力

◆挡土墙结构承受的土压力有：静止土压力、主动土压力和被动土压力。

◆三种土压力中：被动土压力（位移也最大）＞静止土压力＞主动土压力。

1K411020 城镇道路路基施工

【考点 1】城镇道路路基施工技术（☆☆☆☆☆）
[14、16 年单选，14、19 年多选，21、22 年案例]

1. 城镇道路路基施工项目

◆城市道路路基工程包括路基（路床）本身及有关的土（石）方、沿线的涵洞、挡土墙、路肩、边坡、排水管线等项目。

2. 城镇道路路基施工流程

城镇道路路基施工流程　　　　　　　　　　　表 1K411020-1

项目	内容
准备工作	（1）按照交通管理部门批准的交通导行方案设置围挡，导行临时交通。 （2）开工前，施工项目技术负责人应依据获准的施工方案向施工人员进行技术安全交底，强调工程难点、技术要点、安全措施。使作业人员掌握要点，明确责任。 （3）建立测量控制网，再进行施工控制桩放线测量，恢复中线，补钉转角桩、路两侧外边桩等。 （4）施工前，对路基土进行天然含水量、液限、塑限、标准击实、CBR 试验，必要时应做颗粒分析、有机质含量、易溶盐含量、冻胀和膨胀量等试验
附属构筑物	（1）涵洞（管）等构筑物可与路基（土方）同时进行，但新建的地下管线施工必须遵循"先地下，后地上""先深后浅"的原则。 （2）既有地下管网等构筑物的拆改、加固保护　　**直击考点** 此处内容在 2022 年考查了案例简答题："两侧雨水管线、污水管线施工遵循的原则？"
路基（土、石方）施工	开挖路堑、填筑路堤，整平路基、压实路基、修整路床，修建防护工程等

3. 城镇道路路基施工要点

城镇道路路基施工要点　　　　　　　　　　　表 1K411020-2

路基类型	填土路基	挖土路基	石方路基
条件	当原地面标高低于设计路基标高时，需要填筑土方（即填方路基）	当路基设计标荷低于原地面标高时，需要挖土成型——挖方路基	—

路基类型	填土路基	挖土路基	石方路基
施工要点	排除原地面积水，清除树根、杂草、淤泥等。应妥善处理坟坑、井穴、树根坑的坑槽，分层填实至原地面高【归纳：排水→清表（砍树→挖根→填穴）】	路基施工前，应将现况地面上积水排除、疏干	应进行地表清理，先码砌边坡，然后逐层水平填筑石料，确保边坡稳定
	填方段内应事先找平，当地面横向坡度陡于1：5时，需修成台阶形式，每层台阶高度不宜大于300mm，宽度不应小于1.0m	挖土时应自上向下分层开挖，严禁掏洞开挖，机械开挖时，必须避开构筑物、管线，在距管道边1m范围内应采用人工开挖；在距直埋缆线2m范围内必须采用人工开挖。挖方段不得超挖	先修筑试验段，以确定松铺厚度、压实机具组合、压实遍数及沉降差等施工参数
	碾压前检查铺筑土层的宽度、厚度及含水量，合格后即可碾压，碾压"先轻后重"，最后碾压应采用不小于12t级的压路机	压路机不小于12t级，碾压应自路两边向路中心进行，直至表面无明显轮迹为止	填石路堤宜选用12t以上的振动压路机、25t以上轮胎压路机或2.5t的夯锤压（夯）实
	填方高度内的管涵顶面填土500mm以上才能用压路机碾压。路基填方高度应按设计标高增加预沉量值	碾床时，应视土的干湿程度而采取洒水或换土、晾晒等措施。过街雨水支管沟槽及检查井周围应用石灰土或石灰粉煤灰砂砾填实	路基范围内管线、构筑物四周的沟槽宜回填土料

直击考点 上述内容可以考查选择题，可以考查案例分析改正题、案例简答题，着重记忆上述标注颜色内容。

4. 城镇道路路基质量检查与验收

◆检验与验收的主控项目为<u>压实度和弯沉值</u>；一般项目有路床纵断高程、中线偏位、平整度、宽度、横坡及路堤边坡等要求。

口诀助记 压弯了。

直击考点 该知识点一般考查选择题，出题时城镇道路路基质量检验与验收主控项目、一般项目可以互为干扰选项。

【考点2】城镇道路路基压实作业要点（☆☆☆）[21、22年案例]

1. 城镇道路路基材料与填筑

◆不应使用淤泥、沼泽土、泥炭土、冻土、有机土及含生活垃圾的土做路基填料，填土内不得含有草、树根等杂物，粒径超过100mm的土块应打碎。
◆填土应分层进行，下层填土合格后，方可进行上层填筑。
◆路基填土宽度应比设计宽度宽500mm（即：超宽填筑，满宽压实）。
◆含水量接近最佳含水量范围之内（对过湿土翻松、晾干，或对过干土均匀加水）。

2. 城镇道路路基压实施工要点

城镇道路路基压实施工要点　　　　　　　　　　表 1K411020-3

项目	内容
试验段目的 口助诀记 **预度三压。**	（1）确定路基预沉量值。 （2）合理选用压实机具。 （3）按压实度要求，确定压实遍数。 （4）确定路基宽度内每层虚铺厚度。 （5）根据土的类型、湿度、设备及场地条件，选择压实方式
路基下管道回填与压实	（1）当管道位于路基范围内时，其沟槽的回填土压实度应符合规定且管顶以上50cm范围内应采用轻型压实机具。 （2）当管道结构顶面至路床的覆土厚度不大于50cm时，应对管道结构进行加固
路基压实	（1）压实方法（式）：重力压实（静压）和振动压实两种。 （2）土质路基压实应遵循的原则："先轻后重、先静后振、先低后高、先慢后快，轮迹重叠。"压路机最快速度不宜超过4km/h。 （3）碾压应从路基边缘向中央进行。 （4）碾压不到的部位应采用小型夯压机夯实，要求夯击面积重叠1/4～1/3

 直击考点　此处内容一般考查选择题，记住上述内容即可。

图 1K411020-1　钢轮压路机

图 1K411020-2　小型夯压机

【考点3】岩土分类与不良土质处理方法（☆☆☆☆）[13、17、18、20、21年单选]

1. 土的性能参数

（1）路用工程（土）主要性能参数：

路用工程（土）主要性能参数　　　　　　　　　　　　表 1K411020-4

性能参数	内容
含水量 ω	土中水的质量与干土粒质量之比
天然密度 ρ	土的质量与其体积之比
孔隙比 e	土的孔隙体积与土粒体积之比
液限 ω_L	土由流动状态转为可塑状态时的界限含水量为塑性上限，称为液性界限，简称液限
塑限 ω_P	土由可塑状态转为半固体状态时的界限含水量为塑性下限，称为塑性界限，简称塑限
塑性指数 I_P	土的液限与塑限之差值，即土处于塑性状态的含水量变化范围，表征土的塑性大小
液性指数 I_L（选择题考点）	土的天然含水量与塑限之差值对塑性指数之比值，I_L 可用以判别土的软硬程度；$I_L < 0$ 为坚硬、半坚硬状态，$0 \leq I_L < 0.5$ 为硬塑状态，$0.5 \leq I_L < 1.0$ 为软塑状态，$I_L \geq 1.0$ 流塑状态
孔隙率 n	土的孔隙体积与土的体积（三相）之比

（2）土体的抗剪强度：

◆土的强度性质通常是指土体的抗剪强度，即土体抵抗剪切破坏的能力。

2. 不良土质路基的处理方法

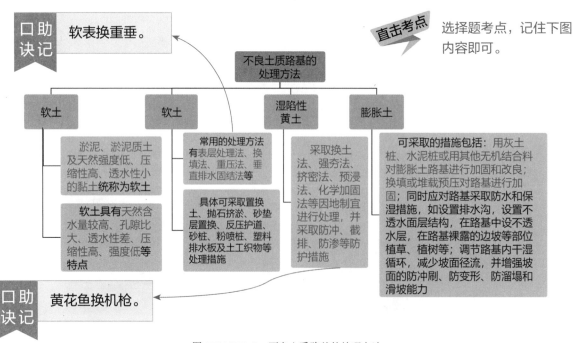

图 1K411020-3　不良土质路基的处理方法

挤密桩　　　　　　　　　　　　加筋　　　　　　　　　　　　排水固结

图 1K411020-4　不良土质路基的处理措施

【考点4】水对城镇道路路基的危害（☆☆☆）[20 年单选]

1．地下水分类（选择题考点）

◆根据地下水的埋藏条件又可将地下水分为上层滞水、潜水、承压水。
◆上层滞水分布范围有限，但接近地表，水位受气候、季节影响大，大幅度的水位变化会给工程施工带来困难。潜水分布广，与道路等市政公用工程关系密切。在干旱和半干旱的平原地区，若潜水的矿化度较高且埋藏较浅，应注意土的盐渍化。由于盐渍土可使路基盐胀和吸湿软化，所以路基施工时要排水，并采用隔离层措施。
◆承压水存在于地下两个隔水层之间，具有一定的水头高度，需注意其向上的排泄，即对潜水和地表水的补给或以上升泉的形式出露。

1K411030　城镇道路基层施工

【考点1】不同无机结合料稳定基层特性（☆☆☆）[18 年单选，18 年多选]

1．无机结合料稳定基层定义（选择题考点）

◆目前大量采用结构较密实、孔隙率较小、透水性较小、水稳性较好、适宜于机械化施工、技术经济较合理的水泥、石灰及工业废渣稳定材料施工基层，这类基层通常被称为无机结合料稳定基层。

2. 城镇道路基层常用的基层材料（选择题考点）

石灰稳定土类基层	石灰稳定土有良好的板体性，但其水稳性、抗冻性以及早期强度不如水泥稳定土。石灰土的强度随龄期增长，并与养护温度密切相关，温度低于5℃时强度几乎不增长
水泥稳定土基层	（1）水泥稳定土有良好的板体性，其水稳性和抗冻性都比石灰稳定土好。 （2）水泥土产生的收缩裂缝会比水泥稳定粒料的裂缝严重得多；水泥强度没有充分形成时，表面遇水会软化，导致沥青面层龟裂破坏；水泥土的抗冲刷能力低，当水泥土表面遇水后，容易产生唧浆冲刷，导致路面裂缝、下陷，并逐渐扩展。水泥土只用作高等级路面的底基层
石灰工业废渣稳定土基层	（1）应用最多、最广的是石灰粉煤灰类的稳定土（粒料），简称二灰稳定土（粒料）。 （2）二灰稳定土有度好的力学性能、板体性、水稳性和一定的抗冻性，其抗冻性能比石灰土高很多。 （3）二灰稳定土具有明显的收缩特性，但小于水泥土和石灰土，被禁止用于高等级路面的基层，只能做底基层。二灰稳定粒料可用于高等级路面的基层与底基层。 （4）二灰稳定粒料基层中的粉煤灰，若三氧化硫含量偏高，易使路面起拱，直接影响道路基层和面层的弯沉值

图 1K411030-1　城镇道路基层常用的基层材料

【考点2】城镇道路基层施工技术（☆☆☆）[16年单选，19年多选，13年案例]

1. 石灰稳定土基层与水泥稳定土基层施工技术

石灰稳定土基层与水泥稳定土基层施工技术　　　　　　　　　　　　表 1K411030-1

项目	内容
材料与拌合 （选择题考点）	（1）城区施工应采用厂拌（异地集中拌合）方式，不使用路拌方式。 （2）应根据原材料含水量变化、集料的颗粒组成变化、施工温度的变化、运输距离及时调整拌合用水量。 （3）宜用强制式拌合机进行拌合
运输与摊铺	（1）水泥稳定土材料自搅拌至摊铺完成，不应超过3h。 （2）运输中应采取防止水分蒸发和防扬尘措施。 （3）施工最低气温为5℃
压实与养护 （案例题考点）	（1）水泥稳定土宜在水泥初凝前碾压成活。 （2）直线和不设超高的平曲线段，应由两侧向中心碾压；设超高的平曲线段，应由内侧向外侧碾压。纵、横接缝（槎）均应设直槎。 （3）纵向接缝宜设在路中线处

直击考点 此处内容2013年考试中考查了案例简答题：请给出正确的底基层碾压方法。

图 1K411030-2　石灰稳定土类基层

图 1K411030-3　水泥稳定土类基层

2．级配砂砾（碎石）、级配砾石（碎砾石）基层施工技术（选择题考点）

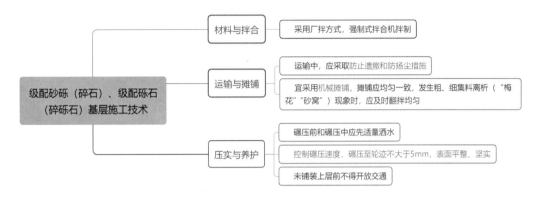

图 1K411030-4　级配砂砾（碎石）、级配砾石（碎砾石）基层施工技术

【考点3】土工合成材料的应用（☆☆☆☆☆）
　　　　　[15、22年单选，17、21年多选，19、21年案例]

1．土工合成材料

◆土工合成材料可分为土工织物、土工膜、特种土工合成材料和复合型土工合成材料等类型。
◆土工合成材料可设置于岩土或其他工程结构内部、表面或各结构层之间，具有加筋、防护、过滤、排水、隔离等功能。

2．土工合成材料的工程应用

土工合成材料的工程应用　　　　　　　　　　　　表 1K411030-2

项目	内容
路堤加筋	（1）路堤加筋的主要目的是提高路堤的稳定性。土工格栅、土工织物、土工网等土工合成材料均可用于路堤加筋，其中土工格栅宜选择强度高、变形小、糙度大的产品。土工合成材料应具有足够的抗拉强度、较高的撕破强度、顶破强度和握持强度等性能。 （2）土工合成材料摊铺后宜在48h以内填筑填料。填料不应直接卸在土工合成材料上面，必须卸在已摊铺完毕的土面上；卸土高度不宜大于1m，以防局部承载力不足。卸土后立即摊铺，以免出现局部下陷。 （3）第一层填料宜采用轻型压路机压实，当填筑层厚度超过600mm后，才允许采用重型压路机，边坡防护与路堤的填筑应同时进行
台背路基填土加筋	（1）采用土工合成材料对台背路基填土加筋的目的是减小路基与构造物之间的不均匀沉降。加筋台背适宜的高度为5.0～10.0m；加筋材料宜选用土工网或土工格栅。台背填料以碎石土、砾石土为宜。 （2）施工程序：清地表→地基压实→锚固土工合成材料、摊铺、张紧并定位→分层摊铺、压实填料至下一层土工合成材料的铺设标高

项目	内容
路面裂缝防治	采用玻纤网、土工织物等土工合成材料，铺设于旧沥青路面、旧水泥混凝土路面的沥青加铺层底部或新建道路沥青面层底部，可减少或延缓旧路面对沥青加铺层的反射裂缝，或半刚性基层对沥青面层的反射裂缝。 用于裂缝防治的玻纤网和土工织物应分别满足抗拉强度、最大负荷延伸率、网孔尺寸、单位面积质量等技术要求。（选择题考点） 玻纤网网孔尺寸宜为其上铺筑的沥青面层材料最大粒径的 0.5 ~ 1.0 倍。土工织物应能耐 170℃以上的高温 **直击考点** 此处内容在 2019 年考查过案例分析改错题。
路基防护	路基防护、坡面防护、冲刷防护

直击考点 此处内容为本考点的重点内容，考查过选择题、案例题，并且可考点较多，上述内容需熟记。

1K411040 城镇道路面层施工

【考点1】沥青混合料面层施工技术（☆☆☆☆）
[13、20、22 年单选，16 年多选，19、20 年案例]

1. 沥青混合料面层的施工工序（选择题考点）

◆沥青混合料面层的施工工序包括沥青混合料的运输、摊铺、压实成型、接缝，开放交通等内容。

2. 沥青混合料面层施工的施工准备

（1）透层、粘层、封层：

透层	粘层	封层	施工注意事项
为使沥青混合料面层与非沥青材料基层结合良好，在基层上喷洒能很好渗入表面的沥青类材料薄层。沥青混合料面层摊铺前应在基层表面喷洒透层油。根据基层类型选择渗透性好的液体沥青、乳化沥青作透层油	为加强路面沥青层之间，沥青层与水泥混凝土路面之间的粘结而洒布的沥青材料薄层。粘层油宜采用快裂或中裂乳化沥青、改性乳化沥青，也可采用快凝或中凝液体石油沥青作粘层油。粘层油宜在摊铺面层当天洒布	铺筑在面层上面的称为上封层，铺筑在面层下面的称为下封层。封层油宜采用改性沥青或改性乳化沥青	1.透层、粘层宜采用沥青洒布车或手动沥青洒布机喷洒。 2.封层宜采用层铺法处治或稀浆封层法施工

直击考点 此处内容为案例题考点，考查过案例分析改错题、案例简答题。

图 1K411040-1 透层、粘层、封层

沥青洒布车

手动沥青洒布机

图 1K411040-2　沥青透层、粘层喷洒机械

（2）运输与布料：

◆ 为防止沥青混合料粘结运料车车箱板，装料前应喷洒一薄层隔离剂或防粘结剂。运输中沥青混合料上宜用篷布覆盖保温、防雨和防污染。
◆ 对高等级道路，等候的运料车宜在 5 辆以上。
◆ 运料车应在摊铺机前 100 ~ 300mm 外空挡等候。

3．沥青混合料面层施工的摊铺作业

沥青混合料面层施工的摊铺作业　　　　　表 1K411040-1

项目	内容
机械施工	（1）热拌沥青混合料应采用机械摊铺。摊铺机在开始受料前应在受料斗涂刷薄层隔离剂或防粘结剂。 （2）城市快速路、主干路宜采用两台以上摊铺机联合摊铺，其表面层宜采用多机全幅摊铺。每台摊铺机的摊铺宽度宜小于 6m。通常采用 2 台或多台摊铺机前后错开 10 ~ 20m 呈梯队方式同步摊铺，两幅之间应有 30 ~ 60mm 宽度的搭接，并应避开车道轮迹带，上下层搭接位置宜错开 200mm 以上。 （3）摊铺前应提前 0.5 ~ 1h 预热摊铺机熨平板使其不低于 100℃。 （4）摊铺机必须缓慢、均匀、连续不间断地摊铺。摊铺速度宜控制在 2 ~ 6m/min 的范围内。当发现沥青混合料面层出现明显的离析、波浪、裂缝、拖痕时，应分析原因，及时消除。 （5）摊铺机应采用自动找平方式。下面层宜采用钢丝绳或路缘石、平石控制高程与摊铺厚度，上面层宜采用导梁或平衡梁的控制方式。 （6）最低摊铺温度根据铺筑层厚度、气温、沥青混合料种类、风速、下卧层表面温度等，按规范要求执行
人工施工	半幅施工时，路中一侧宜预先设置挡板；摊铺时应扣锹布料，不得扬锹远甩；边摊铺边整平，严防集料离析；摊铺不得中途停顿，并尽快碾压；低温施工时，卸下的沥青混合料应覆盖篷布保温

直击考点　此处内容考查过案例分析改错题。

4. 沥青混合料面层施工中的压实成型与接缝

（1）压实成型：

◆压实施工根据摊铺完成的沥青混合料温度情况严格控制初压、复压、终压（包括成型）时机。压实层最大厚度不宜大于100mm。
◆初压应采用钢轮压路机静压1～2遍。碾压时应将压路机的驱动轮面向摊铺机，从外侧向中心碾压，在超高路段和坡道上则由低处向高处碾压。复压应紧跟初压连续进行。碾压路段总长度不超过80m。
◆密级配沥青混凝土混合料复压宜优先采用重型轮胎压路机进行碾压，以增加密实性，其总质量不宜小于25t。相邻碾压带应重叠1/3～1/2轮宽。对粗集料为主的混合料，宜优先采用振动压路机复压（厚度宜大于30mm）。层厚较大时宜采用高频大振幅，厚度较薄时宜采用低振幅。相邻碾压带宜重叠100～200mm。当采用三轮钢筒式压路机时，总质量不小于12t，相邻碾压带宜重叠后轮的1/2轮宽，并不应小于200mm。
◆终压应紧接在复压后进行。宜选用双轮钢筒式压路机，碾压至无明显轮迹为止。

小结 ┤ 初压——钢轮压路机静压1～2遍。
　　　　复压——密级配沥青混凝土混合料宜优先采用重型轮胎压路机，粗集料用振动压路机。
　　　　终压——宜选用双轮钢筒式压路机。

◆压路机不得在未碾压成型路段上转向、掉头、加水或停留。在当天成型的路面上，不得停各种机械设备或车辆，不得散落矿料、油料及杂物。

振动压路机

双轮钢筒式压路机

三轮钢筒式压路机

轮胎压路机

图1K411040-3　沥青混合料面层施工压实机械

（2）接缝：

 直击考点　此处内容考查过案例分析改错题，需理解并记忆。

接缝

（1）路面接缝必须紧密、平顺。上、下层的纵缝应错开150mm（热接缝）或300～400mm（冷接缝）以上。相邻两幅及上、下层的横向接缝均应错位1m以上。应采用3m直尺检查，确保平整度达到要求

（3）高等级道路的表面层横向接缝应采用垂直的平接缝，以下各层和其他等级的道路的各层可采用斜接缝。平接缝采用机械切割或人工刨除层厚不足部分，使工作缝成直角连接，清除切割时所留泥水，干燥后涂刷粘层油，铺筑新混合料，接槎软化后，先横向碾压，再纵向充分压实，连接平顺

（2）采用梯队作业方式摊铺时应选用热接缝，将已铺部分留下100～200mm宽暂不碾压，作为后续部分的基准面，然后跨接压实。如半幅施工采用冷接缝时，宜加设挡板，或将先铺的沥青混合料刨出毛槎，涂刷粘层油后再铺新料，新料跨缝摊铺与已铺层重叠50～100mm，软化下层后铲走重叠部分，再跨缝压密挤紧

小结
沥青面层的纵向接缝：（1）热接缝：多台摊铺机梯队作业时采用的。（2）冷接缝：刨毛槎→清缝→涂粘层油→铺新料软化下层旧料后铲走→跨缝碾压。

图1K411040-4　接缝

5．沥青混合料面层施工中的开放交通（选择题考点）

◆热拌沥青混合料路面应待摊铺层自然降温至表面温度低于 50℃后，方可开放交通。

【考点2】改性沥青混合料面层施工技术（☆☆☆）[18、19 年案例]

1．改性沥青混合料的生产

改性沥青混合料的生产除遵照普通沥青混合料生产要求外，尚应注意以下几点：
◆改性沥青混合料正常生产温度应根据改性沥青品种、粘度、气候条件、铺装层的厚度确定。
◆改性沥青混合料宜采用间歇式拌合设备生产。
◆拌合机宜备有保温性能好的成品储料仓，贮存过程中混合料温降不得大于 10℃且具有沥青滴漏功能。改性沥青混合料的贮存时间不宜超过 24h；改性沥青 SMA 混合料只限当天使用；OGFC 混合料宜随拌随用。

2．改性沥青混合料面层施工

改性沥青混合料面层施工　　　　　　　　表 1K411040-2

项目	内容
摊铺	（1）宜使用履带式摊铺机，摊铺温度不低于 160℃。 （2）摊铺速度宜放慢至 1 ~ 3m/min，松铺系数应通过试验段取得
压实与成型	（1）初压开始温度不低于 150℃，碾压终了的表面温度应不低于 90 ~ 120℃（选择题考点）。 （2）宜采用振动压路机或钢筒式压路机碾压，不应采用轮胎压路机碾压。OGFC 混合料宜采用 12t 以上钢筒式压路机碾压。 **直击考点** 此处内容 2013 年考试中考查了案例简答题："请给出正确的沥青混合料初压设备。" （3）振动压实应遵循"紧跟、慢压、高频、低幅"的原则，即紧跟在摊铺机后面，采取高频率、低振幅的方式慢速碾压。 **直击考点** 此处内容在 2018 年案例题中是这样考查的："试述改性沥青面层振动压实还应注意遵循哪些原则。" 注意：改性沥青 SMA 混合料高温碾压有推拥现象，应复查其级配，且不得采用轮胎压路机碾压（选择题考点）。 （4）碾压改性沥青 SMA 混合料过程中应密切注意压实度变化，防止过度碾压

直击考点 此处内容在 2010 年是这样考查的："补全本工程 SMA 改性沥青面层碾压施工的要求。"

【考点3】水泥混凝土路面施工技术（☆☆☆☆☆）[19、22年单选]

1．混凝土配合比设计

◆在兼顾经济性的同时应满足弯拉强度、工作性、耐久性三项指标要求。

2．混凝土面板施工

（1）模板：

图 1K411040-5　混凝土面板施工中模板要求

（2）摊铺与振动：

◆采用滑模摊铺机摊铺时应布设基准线，清扫湿润基层，在拟设置胀缝处牢固安装胀缝支架，支撑点间距为 40 ～ 60cm。

◆调整滑模摊铺机摊铺混凝土路面时，振动仓内料位高度一般应高出路面 10cm。混凝土坍落度小，应用高频振动、低速度摊铺；混凝土坍落度大，应用低频振动、高速度摊铺。

选择题考点，可以这样出题：

"（1）用滑模摊铺机摊铺混凝土路面，当混凝土坍落度小时，应采用（　　）的方式摊铺。"

"（2）采用滑模摊铺机摊铺水泥混凝土路面时，如混凝土坍落度较大，应采取（　　）。"

◆采用小型机具摊铺混凝土施工，混凝土面层分两次摊铺时，上层混凝土的摊铺应在下层混凝土初凝前完成，且下层厚度宜为总厚度的 3/5；混凝土摊铺应与钢筋网、传力杆及边缘角隅钢筋的安放相配合；一块混凝土板应一次连续浇筑完毕，并按要求做好振捣。

（3）摊铺与振动：

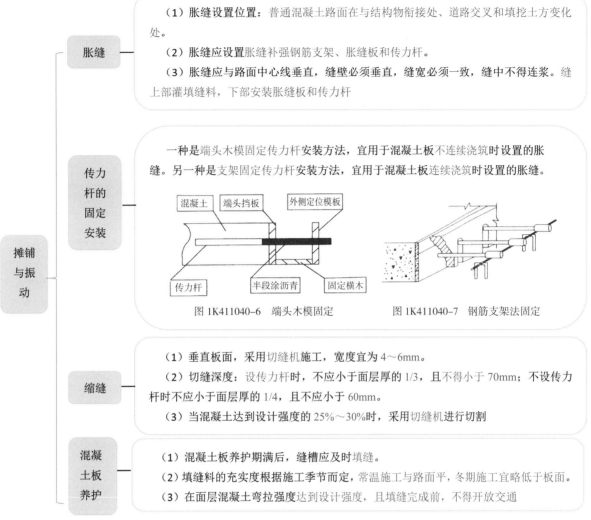

胀缝
- （1）胀缝设置位置：普通混凝土路面在与结构物衔接处、道路交叉和填挖土方变化处。
- （2）胀缝应设置胀缝补强钢筋支架、胀缝板和传力杆。
- （3）胀缝应与路面中心线垂直，缝壁必须垂直，缝宽必须一致，缝中不得连浆。缝上部灌填缝料，下部安装胀缝板和传力杆

传力杆的固定安装
一种是端头木模固定传力杆安装方法，宜用于混凝土板不连续浇筑时设置的胀缝。另一种是支架固定传力杆安装方法，宜用于混凝土板连续浇筑时设置的胀缝。

图 1K411040-6　端头木模固定　　图 1K411040-7　钢筋支架法固定

缩缝
- （1）垂直板面，采用切缝机施工，宽度宜为 4～6mm。
- （2）切缝深度：设传力杆时，不应小于面层厚的 1/3，且不得小于 70mm；不设传力杆时不应小于面层厚的 1/4，且不应小于 60mm。
- （3）当混凝土达到设计强度的 25%～30% 时，采用切缝机进行切割

混凝土板养护
- （1）混凝土板养护期满后，缝槽应及时填缝。
- （2）填缝料的充实度根据施工季节而定，常温施工与路面平，冬期施工宜略低于板面。
- （3）在面层混凝土弯拉强度达到设计强度，且填缝完成前，不得开放交通

图 1K411040-8　混凝土面板施工中摊铺与振动要求

（4）养护（选择题考点）：

◆ 混凝土浇筑完成后，可采取喷洒养护剂或保湿覆盖等方式进行养护；不宜使用围水养护；昼夜温差大于 10℃ 以上的地区或日均温度低于 5℃ 施工的混凝土板应采用保温养护措施。

◆ 养护时间应根据混凝土弯拉强度增长情况而定，不宜小于设计弯拉强度的 80%，一般宜为 14～21d，应特别注重前 7d 的保湿（温）养护。

喷洒养护剂

保湿覆盖

图 1K411040-9　水泥混凝土路面养护方式

（5）开放交通（选择题考点）：

◆ 在混凝土达到设计弯拉强度 40% 以后，可允许行人通过。在面层混凝土完全达到设计弯拉强度（100%）且填缝完成前，不得开放交通。

【考点4】城镇道路大修维护技术要点（☆☆☆）[17、19、22年案例]

1. 微表处理工艺施工流程与要求

```
微表处理工艺 ── 施工流程与要求 ── 清除原路面的泥土、杂物、积水

                            对原路面进行湿润或喷洒乳化沥青

                            常温施工可采用半幅施工，施工期间不中断行车

                            采用专用摊铺机具摊铺稀浆混合料，摊铺速度1.5～3.0km/h

                            橡胶耙人工找平，清除超大粒料

                            不需碾压成型，摊铺找平后必须立即进行初期养护，禁止一切车辆和行人通行

                            气温25～30℃时养护30min满足设计要求后，即可开放交通

                            微表处理施工前需安排试验段，长度不小于200m，以便确定施工参数
```

图 1K411040-10　微表处理工艺施工流程与要求

图 1K411040-11　微表处理工艺施工

 该知识点为选择题考点，记住即可。

2. 旧路加铺沥青混合料面层工艺

旧路加铺沥青混合料面层工艺　　　　　　　　　　　表 1K411040-3

面层工艺	施工要求
旧沥青路面作为基层加铺沥青混合料面层（黑＋黑）	（1）符合设计强度、基本无损坏的旧沥青路面经整平后可用作基层使用。 （2）旧沥青路面有明显的损坏，但强度能达到设计要求的，应对损坏部分进行处理。 （3）填补旧沥青路面，凹坑应按高程控制、分层摊铺，每层最大厚度不宜超过100mm **直击考点**　此处内容在2019年考查过案例分析改错题："指出项目部破损路面处理的错误之处并改正。"
旧水泥混凝土路作为基层加铺沥青混合料面层（白＋黑）	（1）对旧水泥混凝土路做综合调查，符合基本要求，经处理后可作为基层使用。 （2）对旧水泥混凝土路面层与基层间的空隙，应作填充处理。 （3）对局部破损的原水泥混凝土路面层应剔除，并修补完好。 （4）对旧水泥混凝土路面层的胀缝、缩缝、裂缝应清理干净，并应采取防反射裂缝措施

3．加铺沥青面层技术要点

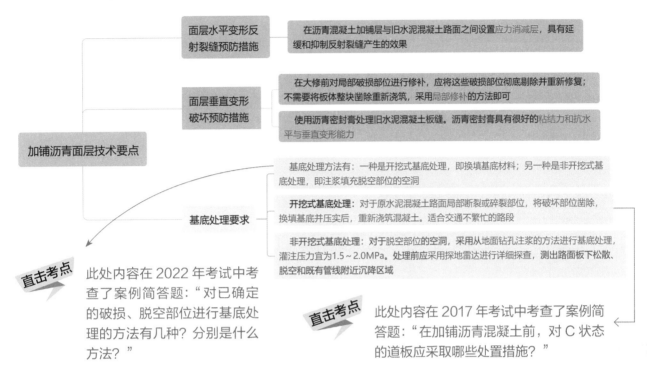

图 1K411040-12　加铺沥青面层技术要点

【考点 5】路面改造施工技术（☆☆☆）[22 年案例]

1．水泥混凝土路面改造加铺沥青面层

水泥混凝土路面改造加铺沥青面层　　　　　　　　表 1K411040-4

项目	内容
水泥混凝土路面改造设计时，对原有路面进行调查方法	在改造设计时，需要对原有路面进行调查，调查一般采用地质雷达、弯沉或者取芯检测等手段，由设计方给出评价结果并提出补强方案 **直击考点**　此处内容在 2022 年考试中考查了案例简答题："对旧水泥混凝土路面进行调查时，采用何种手段查明路基的相关情况？"
病害处理	（1）需采用人工剔凿的办法，将酥空、空鼓、破损的部分清除，露出坚实的部分。 （2）修补范围内的剔凿深度依据水泥混凝土路面的破损程度确定，为保证修补质量，剔凿深度 5cm 以上。 （3）基面清理后可涂刷界面剂增加粘结强度并采用不低于原道路混凝土强度的早强补偿收缩混凝土进行灌注。 （4）对于原水泥混凝土路面板边角破损也可参照上述方法进行修补。凿除部分如有钢筋应保留，不能保留时应植入钢筋。新、旧路面板间应涂刷界面剂。 （5）如果原有水泥混凝土路面发生错台或板块网状开裂，应首先考虑是原路基出现问题致使水泥混凝土路面不再适合作为道路基层。遇此情况应将整个板全部凿除，重新夯实道路路基

项目	内容
加铺沥青混凝土面层	（1）原有水泥混凝土路面作为道路基层加铺沥青混凝土面层时，应注意原有雨水管以及检查井的位置和高程，为配合沥青混凝土加铺应将检查井高程进行调整。 **直击考点** 此处内容在 2022 年考试中考查了案例简答题："既有水泥混凝土路面作为道路基层加铺沥青混凝土前，哪些构筑物的高程需做调整？" （2）在加铺前可以采用洒布沥青粘层油摊铺土工布等柔性材料的方式对旧路面进行处理

1K412000 城市桥梁工程

1K412010 城市桥梁结构形式及通用施工技术

【考点1】城市桥梁结构组成与类型（☆☆☆☆）
[19 年单选，16、22 年多选，18、19 年案例]

1. 桥梁的基本组成

桥梁由上部结构、下部结构、支座系统和附属设施四个基本部分组成。

◆上部结构：在线路遇到障碍而中断时，跨越这类障碍的主要承载结构。

桥跨结构：线路跨越障碍（如江河、山谷或其他线路等）的结构物。

◆下部结构：包括桥墩、桥台和墩台基础，是支承桥跨结构的构造物。

（1）桥墩：是位于河中或岸上支承桥跨结构的构造物。

（2）桥台：设在桥的两端，一边与路堤相接，以防止路堤滑塌，另一边则支放桥跨结构的端部。

（3）墩台基础：是保证桥梁墩台安全并将荷载传至地基的结构。

◆支座系统：在桥跨结构与桥墩或桥台的支承处所设置的传力装置。

◆附属设施：包括桥面系（桥面铺装、防水排水系统、栏杆或防撞栏杆以及灯光照明等）、伸缩缝、桥头搭板和锥形护坡等。

（1）排水防水系统：应能迅速排除桥面积水，并使渗水的可能性降至最小限度。城市桥梁排水系统应保证桥下无滴水和结构上无漏水现象（选择题考点）。

（2）伸缩缝：桥跨上部结构之间或桥跨上部结构与桥台端墙之间所设的缝隙，以保证结构在各种因素作用下的变位。

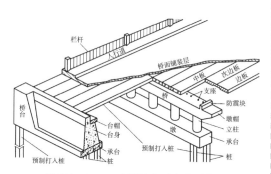

图 1K412010-1　桥梁各组成部分示意图

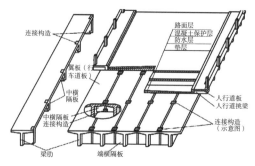

图 1K412010-2　桥梁上部结构概貌

直击考点 此处内容在 2018 年考查过案例识图题。

2．桥梁立面示意图

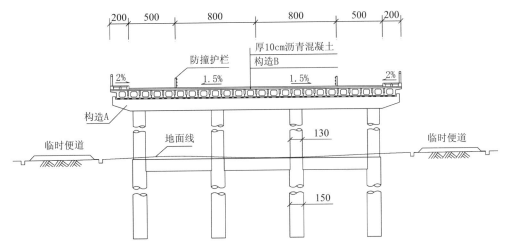

图 1K412010-3　桥梁立面示意图（单位：cm）

案例识图类型的案例实操题是典型的考查形式。上图中，构造 A 的名称：盖梁（或帽梁），构造 B 的名称：混凝土整平层。

3．桥梁相关常用术语

桥梁相关常用术语　　　　　　　　　　　　　　　　　表 1K412010-1

术语	内容
净跨径	相邻两个桥墩（或桥台）之间的净距。对于拱式桥是每孔拱跨两个拱脚截面最低点之间的水平距离
计算跨径	对于具有支座的桥梁，是指桥跨结构相邻两个支座中心之间的距离；对于拱式桥，是指两相邻拱脚截面形心点之间的水平距离，即拱轴线两端点之间的水平距离
总跨径	多孔桥梁中各孔净跨径的总和，也称桥梁孔径
桥梁高度	指桥面与低水位之间的高差，或指桥面与桥下线路路面之间的距离，简称桥高
桥梁全长	简称桥长，是桥梁两端两个桥台的侧墙或八字墙后端点之间的距离
桥下净空高度	设计洪水位、计算通航水位或桥下线路路面至桥跨结构最下缘之间的距离
拱轴线	拱圈各截面形心点的连线
建筑高度	桥上行车路面（或轨顶）标高至跨结构最下缘之间的距离
净矢高	从拱顶截面下缘至相邻两拱脚截面下缘最低点之连线的垂直距离
计算矢高	从拱顶截面形心至相邻两拱脚截面形心之连线的垂直距离
矢跨比	计算矢高与计算跨径之比，也称拱矢度
涵洞	用来宣泄路堤下水流的构造物

选择题考点，注意桥梁相关常用术语的定义。

补充知识

（1）桥跨的表达方式：

①简支梁桥跨径组合表示方式：如 6×20m，表示 6 跨简支梁桥，每跨 20m。

②连续梁桥跨径组合表示方式：如（30m×3）×5，表示 5 联，每联 3 跨，每跨 30m，每个括号内表示 1 联，共有 15 跨。联用"（　　）"表示，一联内的桥跨是连续的，联与联之间断开。

③引桥、主桥跨径组合表示方式：如 12×32m+（45+56+40）m+6×32m，表示该主桥为 3 跨连续梁桥，每跨为 40m、56m、40m。左引桥为 12 跨简支梁桥，每跨 32m。右引桥为 6 跨简支梁桥，每跨 32m。

图 1K412010-4　简支梁示意图　　　　　　　　图 1K412010-5　连续梁示意图

（2）支座数量计算：

某公司承建一座城市桥梁，该桥上部结构为 6×20m 简支预制预应力混凝土空心板梁，每跨设置边梁 2 片，中梁 24 片。要求计算支座在桥梁中的总数量。

【答案】由背景可知，共 6 跨梁，每跨有 24+2=26 片梁，每片空心板梁一端有 2 个支座（共 4 个支座），共计 26×4×6=624 个支座。

4．桥梁的主要类型

（1）按受力特点分类（选择题、案例题考点）：

桥梁按受力特点分类　　　　　　　　　　　　　　　表 1K412010-2

分类	内容
梁式桥	是一种在竖向荷载作用下无水平反力的结构，梁内产生的弯矩最大
拱式桥	主要承重结构是拱圈和拱肋。承重结构以受压为主，通常用圬工材料（砖、石、混凝土）和钢筋混凝土建造
刚架桥	主要承重结构是梁或板和立柱或竖墙整体结合在一起的刚架结构。梁和柱的连接处具有很大的刚性，在竖向荷载作用下，梁部主要受弯，在柱脚处具有水平反力，其受力状态介于梁桥和拱桥之间 **直击考点** 此处内容在 2018 年考试中考查了案例识图题、案例简答题，要求根据背景中给出的桥梁示意图，判断该桥梁类型，还要求写出该类型桥梁的主要受力特点。
悬索桥	以悬索为主要承重结构，能以较小的建筑高度经济合理地修建大跨度桥。由于这种桥的结构自重轻、刚度差，在车辆动荷载和风荷载作用下有较大的变形和振动
组合体系桥	最常见的为连续刚构，梁、拱组合等。斜拉桥也是组合体系桥的一种

（2）按桥梁多孔跨径总长或单孔跨径的长度分类：

按桥梁多孔跨径总长或单孔跨径分类 表 1K412010-3

桥梁分类	多孔跨径总长 L（m）	单孔跨径 L_0（m）
特大桥	$L > 1000$	$L_0 > 150$
大桥	$1000 \geqslant L \geqslant 100$	$150 \geqslant L_0 \geqslant 40$
中桥	$100 > L > 30$	$40 > L_0 \geqslant 20$
小桥	$30 \geqslant L \geqslant 8$	$20 > L_0 \geqslant 5$

 此处内容在 2019 年考查过案例计算题，要求计算桥梁多孔跨径总长，再根据计算结果指出该桥所属的桥梁分类，此类型案例考核题目需要考生多多研究案例题来熟悉答法。

（3）其他分类方式（选择题考点）：

◆按用途划分，有公路桥、铁路桥、公铁两用桥、农用桥、人行桥、运水桥（渡槽）及其他专用桥梁（如通过管路、电缆等）。
◆按主要承重结构所用的材料划分，有圬工桥、钢筋混凝土桥、预应力混凝土桥、钢桥、钢-混凝土结合梁桥和木桥等。

5. 三跨式钢筋混凝土结构桥梁立面布置示意图

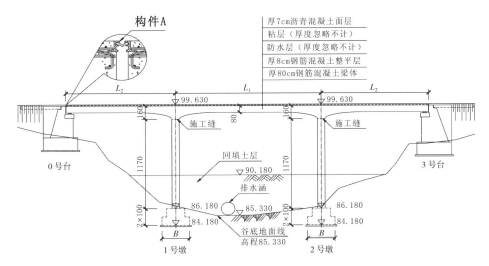

图 1K412010-6 三跨式钢筋混凝土结构桥梁立面布置示意图（高程单位：m；尺寸单位：cm）

 （1）上图中，该桥跨越山区季节性流水沟谷，上部结构为三跨式钢筋混凝土结构，重力式 U 形桥台，基础均采用扩大基础。
（2）上图是一道案例识图题，要求写出构件 A 的名称，并根据上图，判断该桥梁类型，并简述该桥梁的主要受力特点。因此，构件 A 的名称是伸缩装置（或伸缩缝）。按桥梁结构特点，该桥梁属于刚构（架）桥。该类型桥梁的主要受力特点：刚构（架）桥的主要承重结构是梁或板和立柱整体结合在一起的刚构（架）结构。梁和柱的连接处具有很大的刚性，在竖向荷载作用下，梁部主要受弯，而在柱脚处具有水平反力。

【考点2】模板、支架和拱架的设计、制作、安装与拆除（☆☆☆☆☆）
[14、21年单选，14、15、18年多选，16、18、20、21、22年案例]

1. 模板、支架和拱架的设计与验算

◆模板、支架和拱架应结构简单、制造与装拆方便，应具有足够的承载能力、刚度和稳定性。
◆设计模板、支架和拱架时应按表1K412010-4进行荷载组合。

设计模板、支架和拱架的荷载组合表（选择题考点）　　表 1K412010-4

模板构件名称	荷载组合	
	计算强度用	验算刚度用
梁、板和拱的底模及支承板、拱架、支架等	① + ② + ③ + ④ + ⑦ + ⑧	① + ② + ⑦ + ⑧
缘石、人行道、栏杆、柱、梁板、拱等的侧模板	④ + ⑤	⑤
基础、墩台等厚大结构物的侧模板	⑤ + ⑥	⑤

注：表中代号意思如下：①模板、拱架和支架自重；②新浇筑混凝土、钢筋混凝土或圬工、砌体的自重力；③施工人员及施工材料机具等行走运输或堆放的荷载；④振捣混凝土时的荷载；⑤新浇筑混凝土对侧面模板的压力；⑥倾倒混凝土时产生的水平向冲击荷载；⑦设于水中的支架所承受的水流压力、波浪力、流冰压力、船只及其他漂浮物的撞击力；⑧其他可能产生的荷载，如风雪荷载、冬期施工保温设施荷载等。

◆模板、支架和拱架的设计中应设施工预拱度。施工预拱度应考虑下列因素：（1）设计文件规定的结构预拱度。（2）支架和拱架承受全部施工荷载引起的弹性变形。（3）受载后由于杆件接头处的挤压和卸落设备压缩而产生的非弹性变形。（4）支架、拱架基础受载后的沉降。

口助诀记　**二变预沉。**

> **直击考点** 此处内容在2010年考查了案例补充题："支架预留拱度还应考虑哪些变形"；在2018年考查了案例简答题："拱架施工预拱度的设置应考虑哪些因素。"

◆设计预应力混凝土结构模板时，应考虑施加预应力后构件的弹性压缩、上拱及支座螺栓或预埋件的位移等。

> **直击考点** 此处内容考查过选择题、案例题，记住理解上述内容。

2. 模板、支架和拱架的制作与安装

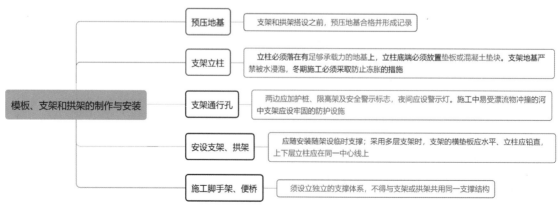

图 1K412010-7　模板、支架和拱架的制作与安装

（1）此处内容可以出选择题、案例简答题，记住该知识点标注颜色内容。
（2）还需熟悉《钢管满堂支架预压技术规程》JGJ/T 194—2009中2.0.1、2.0.2、3.0.1、4.1.6、4.2.1、5.2.1的规定。

图 1K412010-8　施工便桥

3. 模板、支架和拱架的拆除

◆模板、支架和拱架拆除应符合下列规定（案例题考点）：（1）非承重侧模应在混凝土强度能保证结构棱角不损坏时方可拆除，混凝土强度宜为 2.5MPa 及以上。（2）芯模和预留孔道内模应在混凝土抗压强度能保证结构表面不发生塌陷和裂缝时，方可拆除。（3）钢筋混凝土结构的承重模板、支架，应在混凝土强度能承受其自重荷载及其他可能的叠加荷载时，方可拆除。

模板、支架和拱架拆除规定在 2018 年考查了案例简答题：现浇预应力箱梁施工时，侧模和底模应在何时拆除；在 2021 年考查了案例简答题："空心板预制时侧模和芯模拆除所需满足的条件。"

补充知识点

承重模板的拆模时间　　　　表 1K412010-5

构件类型	构建跨度 L（m）	达到设计的混凝土立方体抗压强度标准值的百分率（%）
板	≤ 2	≥ 50
	2 < L ≤ 8	≥ 75
	> 8	≥ 100
梁、拱、壳	≤ 8	≥ 75
	> 8	≥ 100
悬臂构件	—	≥ 100

注：必须做同期同条件养护试件。

此处内容在 2020 年考查了案例分析判断题："项目部拆除顶板支架时混凝土强度应满足什么要求？请说明理由。"

◆模板、支架和拱架拆除应遵循"先支后拆、后支先拆"的原则；支架和拱架应按几个循环卸落，卸落量宜由小渐大。每一循环中，在横向应同时卸落、在纵向应对称均衡卸落。简支梁、连续梁结构的模板应从跨中向支座方向依次循环卸落；悬臂梁结构的模板宜从悬臂端开始顺序卸落。

小结
拆模顺序：（1）一般原则：先支后拆、后支先拆；横向同时卸落、纵向对称均衡卸落。（2）简支梁、连续梁结构的拆模顺序：由中到边。（3）悬臂梁结构的拆模顺序：从悬臂前端到悬臂根部。
◆预应力混凝土结构的侧模应在预应力张拉前拆除；底模应在结构建立预应力后拆除。

【考点3】钢筋施工技术（☆☆☆☆）[15、18、19、20年单选，16年多选]

1. 钢筋施工一般规定、钢筋加工

钢筋施工一般规定、钢筋加工　　　　　　　　　　　　　表 1K412010-6

项目	内容
一般规定（选择题考点）	（1）钢筋应按不同钢种、等级、牌号、规格及生产厂家分批验收，确认合格后方可使用。 （2）预制构件的吊环必须采用未经冷拉的热轧光圆钢筋制作，不得以其他钢筋替代，且其使用时的计算拉应力应不大于65MPa。 （3）在浇筑混凝土之前应对钢筋进行隐蔽工程验收，确认符合设计要求并形成记录
钢筋加工 **直击考点** 选择题考点，可以这样出题："关于钢筋加工的说法，正确的有（　　）。"	（1）钢筋弯制前应先调直。钢筋应优先选用钢筋调直机，数控钢筋调直切断机等钢筋调直工艺，且不得使用卷扬机调直。 （2）受力钢筋弯制和末端弯钩均应符合设计要求或规范规定。 （3）箍筋末端弯钩规定：箍筋弯钩的弯曲直径应大于被箍主钢筋的直径，且 HPB300 不得小于箍筋直径的2.5倍，HRB400 不得小于箍筋直径的5倍；弯钩平直部分的长度，一般结构不宜小于箍筋直径的5倍，有抗震要求的结构不得小于箍筋直径的10倍。 **直击考点** 箍筋末端弯钩平直部分的长度与结构类型、箍筋直径有关。 （4）钢筋宜在常温状态下弯制，不宜加热。钢筋宜从中部开始逐步向两端弯制，弯钩应一次弯成

2. 钢筋连接（选择题考点）

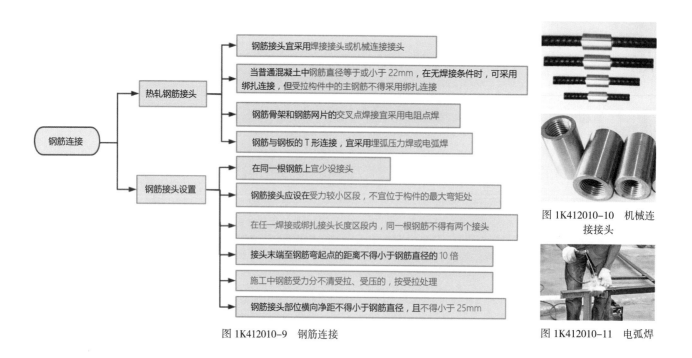

图 1K412010-9　钢筋连接

图 1K412010-10　机械连接接头

图 1K412010-11　电弧焊

3．钢筋骨架和钢筋网的组成与安装（选择题考点）

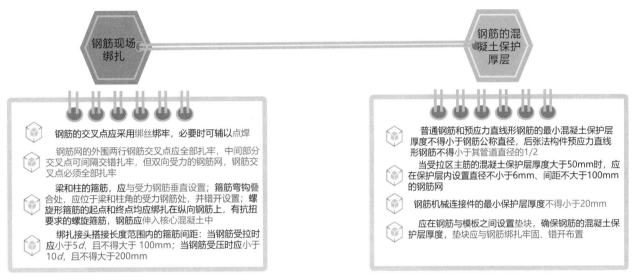

图 1K412010-12　钢筋骨架和钢筋网的组成与安装

【考点4】混凝土施工技术（☆☆☆☆）[13、15年单选，21年多选，18、21年案例]

1．混凝土的抗压强度

◆在进行混凝土强度试配和质量评定时，混凝土的抗压强度应以边长为150mm的立方体标准试件测定。
◆对C60及以上的高强度混凝土，当混凝土方量较少时，宜留取不少于10组的试件。

2．混凝土原材料（选择题考点）

◆混凝土原材料包括水泥、粗细骨料、矿物掺合料、外加剂和水。
◆配制高强度混凝土的矿物掺合料可选用优质粉煤灰、磨细矿渣粉、硅粉和磨细天然沸石粉。
◆常用的外加剂有减水剂、早强剂、缓凝剂、引气剂、防冻剂、膨胀剂、防水剂、混凝土系送剂、喷射混凝土用的速凝剂等。

3．混凝土施工

混凝土施工　　　　　　　　　　　　　　　　　　　　　　　　　　　表 1K412010-7

项目	内容
混凝土搅拌	混凝土拌合物的坍落度应在搅拌地点和浇筑地点分别随机取样检测。每一工作班或每一单元结构物不应少于两次。评定时应以浇筑地点的测值为准 **直击考点** 此处内容在2021年考查了案例简答题："坍落度值A、B的大小关系；混凝土质量评定时应使用哪个数值？"

项目	内容
混凝土运输	（1）混凝土的运输能力应满足混凝土凝结速度和浇筑速度的要求，使浇筑工作不间断。 （2）混凝土拌合物在运输过程中，应保持均匀性，不产生分层、离析等现象，如出现分层、离析现象，则应对混凝土拌合物进行二次快速搅拌。 （3）严禁在运输过程中向混凝土拌合物中加水。 （4）预拌混凝土从搅拌机卸入搅拌运输车至卸料时的运输时间不宜大于90min
混凝土浇筑	（1）浇筑前的检查：浇筑混凝土前，应检查模板、支架的承载力、刚度、稳定性，检查钢筋及预埋件的位置、规格。 施工缝处理：在原混凝土面上浇筑新混凝土时，相接面应凿毛，并清洗干净，表面湿润但不得有积水。 **直击考点** 此处内容在2018年考查了案例简答题："在浇筑桥梁上部结构时，施工缝应如何处理？" （2）混凝土浇筑：对于大方量混凝土浇筑，应事先制定浇筑方案。浇筑过程中散落的混凝土严禁用于混凝土结构构件的浇筑。泵送间歇时间不宜超过15min。 运输、浇筑及间歇的全部时间不应超过混凝土的初凝时间。采用振捣器振捣混凝土时，每一振点的振捣延续时间，应以混凝土表面呈现浮浆、不出现气泡和不再沉落为准
混凝土养护	（1）洒水养护的时间，采用硅酸盐水泥、普通硅酸盐水泥或矿渣硅酸盐水泥的混凝土，不应少于7d。掺用缓凝型外加剂或有抗渗等要求以及高强度混凝土，不应少于14d。 **直击考点** 记住上述洒水养护时间。 （2）当气温低于5℃时，应保温，不得对混凝土洒水养护

【考点5】预应力混凝土施工技术（☆☆☆☆☆）
[14、16、22年单选，16、21、22年案例]

1. 预应力筋及管道

（1）预应力筋（此处可以出选择题、案例题）：

◆ 每批钢丝、钢绞线、钢筋应由同一牌号、同一规格、同一生产工艺的产品组成。
◆ 预应力筋进场时，应对其质量证明文件、包装、标志和规格进行检验的规定：

 直击考点 此处内容在2021年考查了案例补充题："钢绞线入库时材料员还需查验的资料；指出钢绞线见证取样还需检测的项目。"

图 1K412010-13　钢丝、钢绞线、精轧螺纹钢筋进场验收要求

◆ 存放的仓库应干燥、防潮、通风良好、无腐蚀气体和介质。存放在室外时不得直接堆放在地面上，必须垫高、覆盖、防腐蚀、防雨露，时间不宜超过 6 个月。

直击考点 此处内容在 2021 年考查了案例简答题："指出钢绞线存放的仓库需具备的条件。"

◆ 预应力筋的制作：预应力筋下料长度应通过计算确定。预应力筋宜使用砂轮锯或切断机切断，不得采用电弧切割。

（2）管道与孔道（选择题考点）：

◆ 后张有粘结预应力混凝土结构中，预应力筋的孔道一般由浇筑在混凝土中的刚性或半刚性管道构成。一般工程可由钢管抽芯、胶管抽芯或金属伸缩套管抽芯预留孔道。浇筑在混凝土中的管道应具有足够强度和刚度，不允许有漏浆现象，且能按要求传递粘结力。

◆ 常用管道为金属螺旋管或塑料（化学建材）波纹管。

◆ 管（孔）道的其他要求：管道的内横截面积至少应是预应力筋净截面积的 2.0 倍。

金属螺旋管　　塑料波纹管
图 1K412010-14　预应力常用管道

2．预应力混凝土配制与浇筑

预应力混凝土配制与浇筑　　　　表 1K412010-8

项目	内容
配制	（1）预应力混凝土应优先采用硅酸盐水泥、普通硅酸盐水泥，不宜使用矿渣硅酸盐水泥，不得使用火山灰质硅酸盐水泥及粉煤灰硅酸盐水泥（选择题考点） （2）混凝土中的水泥用量不宜大于 550kg/m³。 （3）混凝土中严禁使用含氯化物的外加剂及引气剂或引气型减水剂　**口助诀记** 优先硅普硅，渣不宜，灰不得。
浇筑	对先张构件应避免振动器碰撞预应力筋，对后张构件应避免振动器碰撞预应力筋的管道

3. 预应力张拉施工

（1）先张法预应力施工：

◆ 张拉台座应具有足够的强度和刚度，其抗倾覆安全系数不得小于 1.5，抗滑移安全系数不得小于 1.3。张拉横梁应有足够的刚度，受力后的最大挠度不得大于 2mm。

◆ 预应力筋连同隔离套管应在钢筋骨架完成后一并穿入就位。就位后，严禁使用电弧焊对梁体钢筋及模板进行切割或焊接。隔离套管内端应堵严。

◆ 同时张拉多根预应力筋时，各根预应力筋的初始应力应一致。张拉过程中应使活动横梁与固定横梁始终保持平行。

◆ 张拉过程中，预应力筋不得断丝、断筋或滑丝。

◆ 放张预应力筋时混凝土强度必须符合设计要求，设计未要求时，不得低于设计混凝土强度等级值的 75%。放张顺序应符合设计要求，设计未要求时，应分阶段、对称、交错地放张。

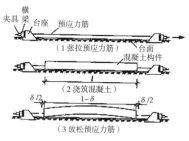

（1 张拉预应力筋）
（2 浇筑混凝土）
（3 放松预应力筋）

图 1K412010-15　先张法施工工艺示意图

补充知识点

先张法预应力施工工艺【2017 年考查了案例补充题】：
清理模板、台座→刷涂隔离剂→钢筋、预应力筋安装（含隔离套管安装）→整体张拉→隔离套管封堵→安装模板→浇筑混凝土→拆除模板→养护→整体放张→切除多余预应力筋→吊运存放。

（2）后张法预应力施工：

后张法预应力施工　　　　　　　　　　　　　　表 1K412010-9

项目	内容
预应力管道安装	（1）管道应留压浆孔与溢浆孔；曲线孔道的波峰部位应留排气孔；在最低部位宜留排水孔。 **口诀助记：高端走气，低端走水。** **直击考点** 此处内容在 2016 年考查了案例简答题："预应力管道的排气孔和排水孔应分别设置在管道的哪些位置？" （2）金属管道接头应采用套管连接，连接套管宜采用大一个直径型号的同类管道，且应与金属管道封裹严密
预应力筋安装 **直击考点** 此处内容在 2009 年考查了案例简答题："补充项目部采用的钢绞线安装方法中的其余要求。"	（1）先穿束后浇混凝土时，浇筑混凝土之前，必须检查管道并确认完好；浇筑混凝土时应定时抽动、转动预应力筋。 （2）先浇混凝土后穿束时，浇筑后应立即疏通管道，确保其畅通。 （3）混凝土采用蒸汽养护时，养护期内不得装入预应力筋。 （4）穿束后至孔道灌浆完成应控制在下列时间以内，否则应对预应力筋采取防锈措施：空气湿度大于 70% 或盐分过大时，7d；空气湿度 40% ~ 70% 时，15d；空气湿度小于 40% 时，20d。 （5）在预应力筋附近进行电焊时，应对预应力筋采取保护措施

续表

项目	内容
预应力筋张拉	（1）混凝土强度应符合设计要求，设计未要求时，不得低于强度设计值的75%，且应将限制位移的模板拆除后，方可进行张拉。 （2）曲线预应力筋或长度大于等于25m的直线预应力筋，宜在两端张拉；长度小于25m的直线预应力筋，可一端张拉。 （3）张拉前应根据设计要求对孔道的摩阻损失进行实测，以便确定张拉控制应力值，并确定预圈力筋的理论伸长值。 （4）预应力筋的张拉顺序应符合设计要求。当设计无要求时，可分批、分阶段对称张拉。宜先中间，后上、下或两侧。 **直击考点** 此处内容在2016年考查了案例简答题："写出预应力钢绞线张拉顺序的原则。" （5）二类以上市政工程项目预制场内进行后张法预应力构件施工时不得使用非数控预应力张拉设备

（3）孔道压浆（选择题考点）：

◆后张法预应力筋张拉后孔道压浆采用的水泥浆强度在设计无要求时，不得低于30MPa。

◆压浆作业，每一工作班应留取不少于3组试块，标养28d，以其抗压强度作为水泥浆质量的评定依据。

◆压浆过程中及压浆后48h内，结构混凝土的温度不得低于5℃，否则应采取保温措施。当白天气温高于35℃时，压浆宜在夜间进行。

口助诀记 压浆温度 5～35℃。

◆封锚混凝土的强度等级应符合设计要求，不宜低于结构混凝土强度等级的80%，且不低于30MPa。

◆孔道内的水泥浆强度达到设计要求后方可吊移预制构件；设计未要求时，应不低于砂浆设计强度的75%。

◆二类以上市政工程项目预制场内进行后张法预应力构件施工时不得使用非数控孔道压浆设备。

【考点6】桥面防水系统施工技术（☆☆☆）[15、16、17年单选]

1．防水涂料施工（选择题考点）

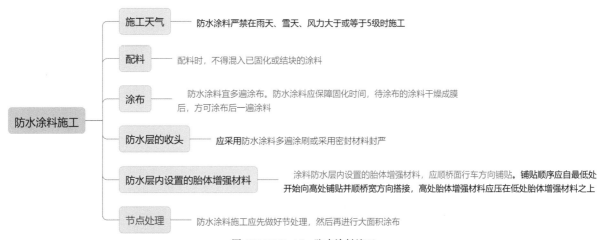

图1K412010-16　防水涂料施工

2．桥面防水质量验收（选择题考点）

桥面防水质量验收　　　　　表 1K412010-10

项目	内容
一般规定	（1）桥面防水施工应符合设计文件的要求。 （2）从事防水施工验收检验工作的人员应具备规定的资格。 （3）防水施工验收应在施工单位自行检查评定的基础上进行。 （4）施工验收应按施工顺序分阶段验收
混凝土基层	（1）混凝土基层检测主控项目是含水率、粗糙度、平整度。 （2）混凝土基层检测一般项目是外观质量 **直击考点** 选择题考点，出题时，混凝土基层检测主控项目与一般项目可以互为干扰选项。
防水层	（1）防水层检测应包括材料到场后的抽样检测和施工现场检测。 （2）防水层施工现场检测主控项目为粘结强度和涂料厚度。 （3）防水层施工现场检测一般项目为外观质量。 （4）特大桥、桥梁坡度大于 3% 等对防水层有特殊要求的桥梁可选择进行防水层与沥青混凝土层粘结强度、抗剪强度检测
沥青混凝土面层	摊铺温度应高于卷材防水层的耐热度 10 ~ 20℃，低于 170℃；应低于防水涂料的耐热度 10 ~ 20℃

【考点7】桥梁支座、伸缩装置安装技术（☆☆☆☆）[18、20年单选，19、20年多选]

1．桥梁支座的作用（选择题考点）

◆桥梁支座是连接桥梁上部结构和下部结构的重要结构部件，位于桥梁和垫石之间，它能将桥梁上部结构承受的荷载和变形（位移和转角）可靠地传递给桥梁下部结构，是桥梁的重要传力装置。

◆桥梁支座的功能要求：首先支座必须具有足够的承载能力，以保证可靠地传递支座反力（竖向力和水平力）；其次支座对桥梁变形的约束尽可能小，以适应梁体自由伸缩和转动的需要；另外支座还应便于安装、养护和维修，并在必要时可以进行更换。

 口助诀记　有强度＋约束小＋好施工。

2．桥梁支座的分类

桥梁支座的分类　　　　　表 1K412010-11

分类依据	划分类别
按支座变形可能性分类	固定支座、单向活动支座、多向活动支座
按支座所用材料分类	钢支座、聚四氟乙烯支座（滑动支座）、橡胶支座（板式、盆式）等
按支座的结构形式分类	弧形支座、摇轴支座、辊轴支座、橡胶支座、球形钢支座、拉压支座等

注：桥梁支座可按其跨径、结构形式、反力力值、支承处的位移及转角变形值选取不同的支座。城市桥梁中常用的支座主要为板式橡胶支座和盆式支座等。

直击考点 选择题考点，可以这样出题："在桥梁支座的分类中，固定支座是按（　　）分类的。"

3．常用桥梁支座施工、支座施工质量检验标准

常用桥梁支座施工、支座施工质量检验标准　　　表1K412010-12

项目	内容
常用桥梁支座施工	（1）当实际支座安装温度与设计要求不同时，应通过计算设置支座顺桥方向的预偏量。 （2）活动支座安装前应采用丙酮或酒精解体清洗其各相对滑移面，擦净后在聚四氟乙烯板顶面凹槽内满注硅脂。 （3）墩台帽、盖梁上的支座垫石和挡块宜二次浇筑，确保其高程和位置的准确 图1K412010-17　支座垫石和挡块
支座施工质量检验标准	主控项目： （1）支座应进行进场检验。 （2）支座安装前，应检查跨距、支座栓孔位置和支座垫石顶面高程、平整度、坡度、坡向，确认符合设计要求。 （3）支座与梁底及垫石之间必须密贴，间隙不得大于0.3mm。垫石材料和强度应符合设计要求。 （4）支座锚栓的埋置深度和外露长度应符合设计要求。支座锚栓应在其位置调整准确后固结，锚栓与孔之间隙必须填捣密实。 （5）支座的粘结灌浆和润滑材料应符合设计要求 一般项目：支座安装允许偏差应符合规定。 项目：支座高程；支座偏位

直击考点 选择题考点，记住上表内容即可。

4．伸缩装置安装技术

◆为满足桥面变形的要求，通常在两梁端之间、梁端与桥台之间或桥梁的铰接位置上设置伸缩装置。

直击考点 此处内容在2018年考查过案例识图题，在2020年考查了多选题："桥梁伸缩缝一般设置于（　　）。"

◆桥梁伸缩缝的作用在于调节由车辆荷载和桥梁建筑材料引起的上部结构之间的位移和联结。
◆桥梁伸缩装置片按传力方式和构造特点可分为：对接式、钢制支承式、组合剪切式（板式）、模数支承式以及弹性装置。

直击考点 该知识点可不作为重点内容备考，记住上述内容即可。该知识点中其余内容在考试复习时间不充裕的情况下可以不看。

【考点 8】桥梁维护与改造施工技术（☆☆☆）

直击考点 该考点在近几年考试中均未进行考查，相关内容考生在复习时浏览一遍即可。

1K412020 城市桥梁下部结构施工

【考点 1】各类围堰施工要求（☆☆☆）[22 年单选，19 年案例]

1. 围堰的一般规定及适用范围（可以考查选择题、案例题）

◆围堰高度应高出施工期间可能出现的最高水位（包括浪高）0.5 ~ 0.7m。
◆各类围堰适用范围见表 1K412020-1。

各类围堰适用范围　　　　　　　　　　表 1K412020-1

围堰类型		适用条件
土石围堰	土围堰	水深≤ 1.5m，流速≤ 0.5m/s，河边浅滩，河床渗水性较小
	土袋围堰	水深≤ 3.0m，流速≤ 1.5m/s，河床渗水性较小，或淤泥较浅
	木桩竹条土围堰	水深 1.5 ~ 7m，流速≤ 2.0m/s，河床渗水性较小，能打桩，盛产竹木地区
	竹篱土围堰	水深 1.5 ~ 7m，流速≤ 2.0m/s，河床渗水性较小，能打桩，盛产竹木地区
	竹、铁丝笼围堰	水深 4m 以内，河床难以打桩，流速较大
	堆石土围堰	河床渗水性很小，流速≤ 3.0m/s，石块能就地取材
板桩围堰	钢板桩围堰	深水或深基坑，流速较大的砂类土、黏性土、碎石土及风化岩等坚硬河床。防水性能好，整体刚度较强
	钢筋混凝土板桩围堰	深水或深基坑，流速较大的砂类土、黏性土、碎石土河床。除用于挡水防水外还可作为基础结构的一部分，亦可采取拔除周转使用，能节约大量木材
其他	钢套筒围堰	流速≤ 2.0m/s，覆盖层较薄，平坦的岩石河床，埋置不深的水中基础，也可用于修建桩基承台
	双壁围堰	大型河流的深水基础，覆盖层较薄、平坦的岩石河床 直击考点 此处内容在 2019 年考查了案例识图题。

直击考点 注意上表的数值规定。

2．土围堰、土袋堰、钢板桩围堰、套箱围堰施工要求（选择题考点）

土围堰、土袋堰、钢板桩围堰、套箱围堰施工要求　表 1K412020-2

围堰类型	示例图片	施工要求
土围堰	土围堰（尺寸单位：m）	（1）筑堰材料宜用黏性土、粉质黏土或砂质黏土。填出水面之后应进行夯实。填土应自上游开始至下游合龙。 （2）堰顶宽度可为 1～2m。机械挖基时不宜小于 3m。内坡脚与基坑边的距离不得小于 1m
土袋堰		（1）围堰两侧用草袋、麻袋、玻璃纤维袋或无纺布袋装土堆码。袋中宜装不渗水的黏性土。围堰中心部分可填筑黏土及黏性土芯墙。 （2）堆码土袋，应自上游开始至下游合龙
钢板桩围堰		（1）有大漂石及坚硬岩石的河床不宜使用钢板桩围堰。 （2）施打钢板桩前，应在围堰上下游及两岸设测量观测点，控制围堰长、短边方向的施打定位。施打时，必须备有导向设备，以保证钢板桩的正确位置。 （3）施打前，应对钢板桩的锁口用止水材料捻缝，以防漏水。 （4）施打顺序一般从上游向下游合龙。 （5）钢板桩可用捶击、振动、射水等方法下沉，但在黏土中不宜使用射水下沉办法。 （6）经过整修或焊接后的钢板桩应用同类型的钢板桩进行锁口试验、检查。接长的钢板桩，其相邻两钢板桩的接头位置应上下错开。 （7）施打过程中，应随时检查桩的位置是否正确、桩身是否垂直，否则应立即纠正或拔出重打
套箱围堰		（1）无底套箱用木板、钢板或钢丝网水泥制作，内设木、钢支撑。套箱可制成整体式或装配式。 （2）制作中应防止套箱接缝漏水

【考点2】桩基础施工方法与设备选择（☆☆☆☆）
[15、19年单选，17、20、21年案例]

1. 沉桩方式及设备选择（可以考查选择题、案例题）

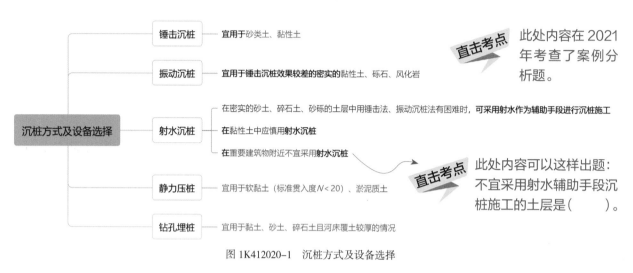

图 1K412020-1　沉桩方式及设备选择

直击考点 此处内容在2021年考查了案例分析题。

直击考点 此处内容可以这样出题：不宜采用射水辅助手段沉桩施工的土层是（　　）。

2. 沉入桩准备工作

◆对地质复杂的大桥、特大桥，为检验桩的承载能力和确定沉桩工艺应进行试桩。
◆贯入度应通过试桩或做沉桩试验后会同监理及设计单位研究确定。

3. 沉入桩施工技术要点

沉入桩施工技术要点　　　　　　　　　　　　　　表 1K412020-3

项目	内容
预制桩的接桩	可采用焊接、法兰连接或机械连接
沉桩注意事项	沉桩时，桩帽或送桩帽与桩周围间隙应为 5～10mm；桩锤、桩帽或送桩帽应和桩身在同一中心线上；桩身垂直度偏差不得超过 0.5%
沉桩顺序	对于密集桩群，自中间向两个方向或四周对称施打；根据基础的设计标高，应先深后浅；根据桩的规格，宜先大后小、先长后短 （a）　　　　（b）　　　　（c） 图 1K412020-2　打桩顺序 （a）逐排打设；（b）自中部向四周打设；（c）由中间向两侧打设

续表

项目	内容
桩终止锤击的控制	应视桩端土质而定，一般情况下以控制桩端设计标高为主，贯入度为辅
观测、监护	沉桩过程中应加强邻近建筑物、地下管线等的观测、监护

4．钻孔灌注桩成孔方式与设备选择

依据成桩方式可分为泥浆护壁成孔、干作业成孔、沉管成孔灌注桩及爆破成孔，施工机具类型及土质适用条件参考下表。

成桩方式与适用条件　　　　　　　　　　　　　　表 1K412020-4

成桩方式与设备		适用土质条件
泥浆护壁成孔桩	正循环回转钻	黏性土、粉砂、细砂、中砂、粗砂，含少量砾石、卵石（含量少于20%）的土、软岩
	反循环回转钻	黏性土、砂类土、含少量砾石、卵石（含量少于20%，粒径小于钻杆内径2/3）的土
	冲击钻、旋挖钻	黏性土、粉土、砂土、填土、碎石土及风化岩层
	潜水钻	黏性土、淤泥、淤泥质土及砂土
干作业成孔桩	冲抓钻	黏性土、粉土、砂、填土、碎石及风化岩层
	长螺旋钻孔	地下水位以上的黏性土、砂土及人工填土非密实的碎石类土、强风化岩
	钻孔扩底	地下水位以上的坚硬、硬塑的黏性土及中密以上的砂土风化岩层
	人工挖孔	地下水位以上的黏性土、黄土及人工填土
沉管成孔桩	分扩	桩端持力层为埋深不超过20m的中、低压缩性黏性土、粉土、砂土和碎石类土
	振动	黏性土、粉土和砂土
爆破成孔		地下水位以上的黏性土、黄土、碎石土及风化岩

 直击考点　上表出题点主要在第三列，并且该知识点内容 2011 年考查了案例分析题："就公司现有桩基成孔设备进行比选，并根据钻机适用性说明理由"；2015 年考查过单选题；2020 年考查过案例分析题："指出项目部选择钻机类型的理由及成桩方式"。

5．泥浆护壁成孔

泥浆护壁成孔　　　　　　　　　　　　　　　　　　　　　表 1K412020-5

项目	内容
泥浆制备与护筒埋设	（1）泥浆制备宜选用高塑性黏土或膨润土。 （2）护筒顶面宜高出施工水位或地下水位 2m，并宜高出施工地面 0.3m。 **直击考点** 此处内容在 2020 年考查了案例识图题、案例简答题："所指构件 A 的名称是什么？构件 A 应高出施工水位多少米？" （3）现场应设置泥浆池和泥浆收集设施，泥浆宜在循环处理后重复使用，减少排放量，对重要工程的钻孔桩施工，宜采用泥沙分离器进行泥浆的循环
正、反循环钻孔	钻孔达到设计深度，灌注混凝土之前，孔底沉渣厚度应符合设计要求。设计未要求时端承型桩的沉渣厚度不应大于 100mm；摩擦型桩的沉渣厚度不应大于 300mm **直击考点** 此处内容在 2020 年考查了案例简答题："指出孔底沉渣厚度的最大允许值。"
冲击钻成孔	（1）冲击钻开孔时，应低锤密击，反复冲击造壁，保持孔内泥浆面稳定。 （2）每钻进 4 ~ 5m 应验孔一次，在更换钻头前或容易缩孔处，均应验孔并应做记录。 （3）排渣过程中应及时补给泥浆。 （4）冲孔中遇到斜孔、梅花孔、塌孔等情况时，应采取措施后方可继续施工 **直击考点** 此处内容在 2011 年考查了案例分析判断并改正题："钻进成孔时直接钻到桩底的做法是否正确？如不正确，写出正确做法。"
旋挖成孔	旋挖钻机成孔应跳挖，并根据钻进速度同步补充泥浆，保持所需的泥浆面高度不变

6．干作业成孔

长螺旋钻孔	人工挖孔
（1）钻机定位后，应进行复检，钻头与桩位点偏差不得大于20mm。 （2）钻至设计标高后，应先泵入混凝土并停顿10~20s，再缓慢提升钻杆	（1）人工挖孔桩的孔径（不含孔壁）不得小于0.8m，且不宜大于2.5m；挖孔深度不宜超过25m。 （2）采用混凝土或钢筋混凝土支护孔壁技术，护壁的厚度、拉结钢筋、配筋、混凝土强度等级均应符合设计要求；井圈中心线与设计轴线的偏差不得大于20mm；上下节护壁混凝土的搭接长度不得小于50mm；每节护壁必须保证振捣密实，并应当日施工完毕；应根据土层渗水情况使用速凝剂；护壁模板的拆除应在灌注混凝土24h之后，强度大于5MPa时方可进行

图 1K412020-3　干作业成孔

 此处内容在 2020 年考查了案例补充题：补充钢筋混凝土护壁支护的技术要求。

【考点3】墩台、盖梁施工技术（☆☆☆☆☆）[22年多选]

1. 现浇混凝土墩台、盖梁（选择题考点）

重力式混凝土墩台施工	(1) 墩台混凝土浇筑前应对基础混凝土顶面做凿毛处理，**清除锚筋污锈。** (2) 墩台混凝土宜水平分层浇筑，**每层高度宜为1.5~2m。** (3) 墩台混凝土分块浇筑时，接缝应与墩台截面尺寸较小的一边平行，邻层分块接缝应错开，接缝宜做成企口形。 (4) 明挖基础上灌注墩台第一层混凝土时，要防止水分被基础吸收或基顶水分渗入混凝土而降低强度
柱式墩台施工	(1) 模板、支架稳定计算中应考虑风力影响。 (2) 浇筑墩台柱混凝土时，应铺同配合比的水泥砂浆一层。**墩台柱的混凝土宜一次连续浇筑完成。** (3) 柱身高度内有系梁连接时，系梁应与柱同步浇筑。V形墩柱混凝土应对称浇筑。 (4) 钢管混凝土墩柱应采用补偿收缩混凝土，一次连续浇筑完成
盖梁施工	在城镇交通繁华路段施工盖梁时，宜采用整体组装模板、快装组合支架，以减少占路时间

图 1K412020-4 现浇混凝土墩台、盖梁

2. 重力式砌体墩台（选择题考点）

- ◆ 墩台砌体应采用坐浆法分层砌筑，竖缝均应错开，不得贯通。
- ◆ 砌筑墩台镶面石应从曲线部分或角部开始。
- ◆ 墩台砌筑前，应清理基础，保持洁净，并测量放线，设置线杆。
- ◆ 桥墩分水体镶面石的抗压强度不得低于设计要求。
- ◆ 砌筑的石料和混凝土预制块应清洗干净，保持湿润。

1K412030 城市桥梁上部结构施工

【考点1】装配式梁（板）施工技术（☆☆☆）[19、20、22年单选]

1. 装配式梁（板）的预制、场内移运和存放

装配式梁（板）的预制、场内移运和存放 表 1K412030-1

项目	内容
构件预制	（1）预制台座的地基应具有足够的承载力。 （2）预制台座表面应光滑、平整，在2m长度上平整度的允许偏差应不超过2mm，且应保证底座或底模的挠度不大于2mm。 （3）采用平卧重叠法支立模板、浇筑构件混凝土时，下层构件顶面应设临时隔离层；上层构件须待下层构件混凝土强度达到5.0MPa后方可浇筑

项目	内容
构件的场内移运和存放 选择题考点，可以这样出题："关于装配式预制混凝土梁存放的说法，正确的是（　　）。"	（1）在脱底模、移运、吊装时，混凝土的强度不得低于设计强度的 75%，后张法预应力构件孔道压浆强度应符合设计要求或不低于设计强度的 75%。 （2）存放台座应坚固稳定，且宜高出地面 200mm 以上。 （3）梁、板构件存放时，其支点应在设计规定的位置，支点处应采用垫木和其他适宜的材料支承，不得将构件直接支承在坚硬的存放台座上；存放时混凝土养护期未满的，应继续洒水养护。 （4）构件应按其安装的先后顺序编号存放，预应力混凝土梁、板的存放时间不宜超过 3 个月，特殊情况下不应超过 5 个月。 （5）当构件多层叠放时，层与层之间应以垫木隔开，各层垫木的位置应设在设计规定的支点处，上下层垫木应在同一条竖直线上；叠放高度宜按构件强度、台座地基承载力、垫木强度以及堆垛的稳定性等经计算确定。大型构件宜为 2 层，不应超过 3 层；小型构件宜为 6～10 层

2. 装配式梁（板）的安装

（1）构件的运输：

◆ 采用平板拖车或超长拖车运输大型构件时，车长应能满足支点间的距离要求，支点处应设活动转盘防止搓伤构件混凝土；运输道路应平整，如有坑洼不平，应事先处理平整。

◆ 水上运输构件时，应有相应的封仓加固措施。

（2）简支梁、板安装：

◆ 装配式桥梁构件在脱底模、移运、堆放和吊装就位时，混凝土的强度不应低于设计要求的吊装强度，设计无要求时不应低于设计强度的 75%。后张预应力混凝土构件吊装时，其孔道水泥浆的强度不应低于构件设计要求，如设计无要求时，不应低于 30MPa。

◆ 采用架桥机进行安装作业时，其抗倾覆稳定系数应不小于 1.3，架桥机过孔时，应将起重小车置于对稳定最有利的位置，且抗倾覆系数应不小于 1.5。

◆ 安装在同一孔跨的梁、板，其预制施工的龄期差不宜超过 10d。梁、板上有预留孔洞的，其中心应在同一轴线上，偏差应不大于 4mm。梁、板之间的横向湿接缝，应在一孔梁、板全部安装完成后方可进行施工。

（3）先简支后连续梁的安装：

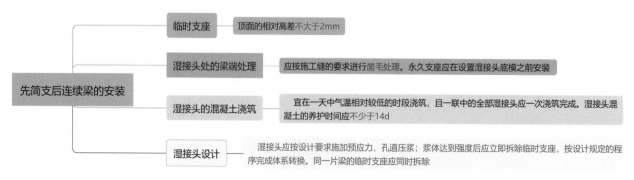

图 1K412030-1　先简支后连续梁的安装

【考点 2】现浇预应力（钢筋）混凝土连续梁施工技术（☆☆☆☆☆）
[13、15、16、17 年单选，17 年多选，19、22 年案例]

1. 支（模）架法

支（模）架法　　　　　　　　　　　　　　　　　　　表 1K412030-2

项目	内容
支架法现浇预应力混凝土连续梁	（1）支架的地基承载力应符合要求，必要时，应采取加强处理或其他措施。 （2）应有简便可行的落架拆模措施。 （3）各种支架和模板安装后，宜采取措施消除拼装间隙和地基沉降等非弹性变形。 **直击考点** 此处内容在 2010 年考查了案例简答题："支架施工前对支架基础预压的主要目的是什么？" （4）安装支架时，应根据梁体和支架的弹性、非弹性变形，设置预拱度。 （5）支架基础周围应有良好的排水措施，不得被水浸泡。 （6）浇筑混凝土时应采取措施，避免支架产生不均匀沉降
移动模架上浇筑预应力混凝土连续梁（选择题考点）	（1）模架长度必须满足施工要求。 （2）模架应利用专用设备组装，在施工时能确保质量和安全。 （3）浇筑分段工作缝，必须设在弯矩零点附近。 （4）箱梁内、外模板在滑动就位时，模板平面尺寸、高程、预拱度的误差必须控制在容许范围内。 （5）混凝土内预应力筋管道、钢筋、预埋件设置应符合规范规定和设计要求

2. 悬臂浇筑法

（1）悬臂浇筑工序归纳：

> ◆①绑扎钢筋→②立模→③浇筑混凝土→④施加预应力→⑤挂篮对称前移→⑥进入下一节段。

直击考点 此处内容在 2010、2022 年考查了案例分析题，2012 年考查过案例补充题："补充挂篮进入下一节施工前的必要工序。"

（2）挂篮设计与组装：

挂篮设计与组装　　　　　　　　　　　　　　　　　　表 1K412030-3

项目	内容
挂篮结构主要设计参数 **直击考点** 选择题考点，注意数值规定。	（1）挂篮质量与梁段混凝土的质量比值控制在 0.3 ~ 0.5，特殊情况下不得超过 0.7。 （2）允许最大变形（包括吊带变形的总和）为 20mm。 （3）施工、行走时的抗倾覆安全系数不得小于 2。 （4）自锚固系统的安全系数不得小于 2。 （5）斜拉水平限位系统和上水平限位安全系数不得小于 2
挂篮组装后的检查	挂篮组装后，应全面检查安装质量，并应按设计荷载做载重试验，以消除非弹性变形

（3）浇筑段落：

◆悬浇梁体一般应分四大部分浇筑：（1）墩顶梁段（0号块）；（2）墩顶梁段（0号块）两侧对称悬浇梁段；（3）边孔支架现浇梁段；（4）主梁跨中合龙段。

直击考点 此处内容在 2010 年考查了案例分析题、案例简答题："B 标连续梁施工采用何种方法最适合？说明这种施工方法的正确浇筑顺序。"

（4）悬浇顺序（可以考查选择题、案例题）：

◆在墩顶托架或膺架上浇筑 0 号段并实施墩梁临时固结→在 0 号块段上安装悬臂挂篮，向两侧依次对称分段浇筑主梁至合龙前段→在支架上浇筑边跨主梁合龙段最后浇筑中跨合龙段形成连续梁体系。
◆悬臂浇筑混凝土时，宜从悬臂前端开始，最后与前段混凝土连接。

直击考点 此处内容在 2022 年考查了案例简答题："写出施工方案变更后的上部结构箱梁的施工顺序。"

（5）张拉及合龙（可以考查选择题、案例题）：

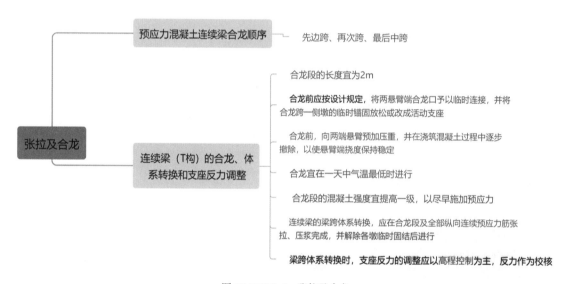

图 1K412030-2　张拉及合龙

【考点 3】钢梁制作与安装要求（☆☆☆）[16、20 年单选，18 年案例]

1. 钢梁制造

钢梁制造　　　　　　　　　　　　　　　　　　　　表 1K412030-4

项目	内容
钢梁制作基本要求	（1）钢梁制造焊接环境相对湿度不宜高于 80%。 （2）焊接环境温度：低合金高强度结构钢不得低于 5℃，普通碳素结构钢不得低于 0℃。 （3）主要杆件应在组装后 24h 内焊接。 （4）钢梁出厂前必须进行试拼装，并应按设计和有关规范的要求验收。 （5）钢梁出厂前，安装企业应对钢梁质量和应交付的文件进行验收，确认合格

续表

项目	内容
钢梁制造企业应向安装企业提供的文件	（1）产品合格证；（2）钢材和其他材料质量证明书和检验报告；（3）施工图、拼装简图；（4）工厂高强度螺栓摩擦面抗滑移系数试验报告；（5）焊缝无损检验报告和焊缝重大修补记录；（6）产品试板的试验报告；（7）工厂试拼装记录；（8）杆件发运和包装清单

选择题考点，可以这样出题："钢梁制造企业应向安装企业提供的相关文件中，不包括（　　）。"

口助诀记 "三证" + "两图" + 螺栓 + 焊接 + 试板 + 试拼装 + 清单

2. 钢梁安装

（1）安装方法选择：

◆ 城区内常用安装方法：自行式吊机整孔架设法、门架吊机整孔架设法、支架架设法、缆索吊机拼装架设法、悬臂拼装架设法、拖拉架设法等。

◆ 钢梁工地安装，应根据跨径大小、河流情况、交通情况和起吊能力等条件选择安装方法。

此处内容在 2018 年考查了案例简答题："目前城区内钢梁安装的常用方法有哪些？"

自行式吊机整孔架设法

支架架设法

缆索吊机拼装架设法

图 1K412030-3　常用钢梁安装方法

（2）安装要点（选择题考点）：

吊装杆件 —— 必须等杆件完全固定后方可摘除吊钩

钢梁安装 —— 安装过程中，每完成一节段应测量其位置、标高和预拱度，不符合要求应及时校正

钢梁杆件工地焊缝连接 —— 应按设计的顺序进行。无设计顺序时，焊接顺序宜为：纵向从跨中向两端、横向从中线向两侧对称进行

钢梁采用高强度螺栓连接 —— 钢梁采用高强度螺栓连接前，应复验摩擦面的抗滑移系数。高强度螺栓连接前，应按出厂批号，每批抽验不小于8套扭矩系数。高强度螺栓穿入孔内应顺畅，不得强行敲入。穿入方向应全桥一致。施拧顺序为从板束刚度大、缝隙大处开始，由中央向外拧紧，并应在当天终拧完毕。施拧时，不得采用冲击拧紧和间断拧紧

钢梁安装要点

图 1K412030-4　钢梁安装要点

【考点4】钢—混凝土结合梁施工技术（☆☆☆）[13、19年多选]

1. 钢—混凝土结合梁的构成与适用条件（选择题考点）

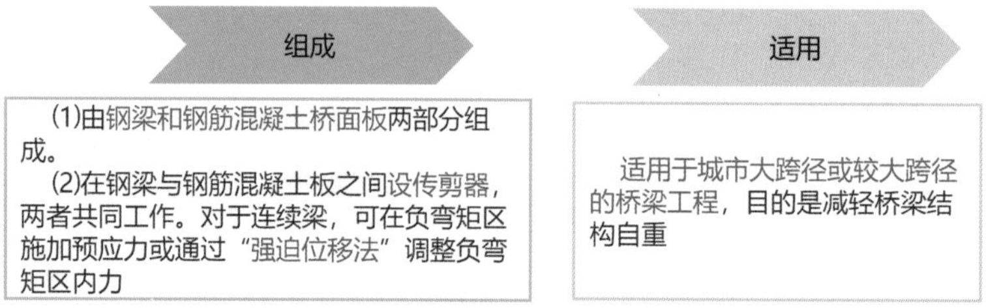

组成	适用
（1）由钢梁和钢筋混凝土桥面板两部分组成。 （2）在钢梁与钢筋混凝土板之间设传剪器，两者共同工作。对于连续梁，可在负弯矩区施加预应力或通过"强迫位移法"调整负弯矩区内力	适用于城市大跨径或较大跨径的桥梁工程，目的是减轻桥梁结构自重

图 1K412030-5　钢—混凝土结合梁的构成与适用条件

2. 钢—混凝土结合梁施工技术要点（选择题考点）

◆钢主梁架设和混凝土浇筑前，应按设计要求或施工方案设置施工支架。施工支架设计验算除应考虑钢梁拼接荷载外，应同时计入混凝土结构和施工荷载。

◆混凝土浇筑前，应对钢主梁的安装位置、高程、纵横向连接及施工支架进行检查验收，各项均应达到设计要求或施工方案要求。

◆现浇混凝土结构宜采用缓凝、早强、补偿收缩性混凝土。

◆混凝土桥面结构应全断面连续浇筑，浇筑顺序：顺桥向应自跨中开始向支点处交汇，或由一端开始浇筑；横桥向应先由中间开始向两侧扩展。

◆设有施工支架时，必须待混凝土强度达到设计要求且预应力张拉完成后，方可卸落施工支架。

 此处内容在考查选择题时，可以这样出题："关于钢—混凝土结合梁施工技术的说法，正确的有（　　）。"

【考点5】钢筋（管）混凝土拱桥施工技术（☆☆☆）[21年多选]

1. 现浇拱桥施工（选择题考点）

 本考点中重点掌握现浇拱桥施工的内容，其余相关内容考生在复习时浏览一遍即可。

现浇拱桥施工　　　　　　　　　　　　　　　　　表 1K412030-5

项目	内容
一般规定	（1）装配式桥构件在吊装时，混凝土的强度不得低于设计要求；设计无要求时，不得低于设计强度值的 75%。 （2）当设计无要求时，拱圈（拱肋）封拱合龙温度宜在当地年平均温度或 5 ~ 10℃时进行

续表

项目	内容
在拱架上浇筑混凝土拱圈	（1）跨径小于 16m 的拱圈或拱肋混凝土，应按拱圈全宽从两端拱脚向拱顶对称、连续浇筑，并在拱脚混凝土初凝前全部完成。不能完成时，则应在拱脚预留一条隔缝，最后浇筑隔缝混凝土。 （2）跨径大于或等于 16m 的拱圈或拱肋，宜分段浇筑。分段位置，拱式拱架宜设置在拱架受力反弯点、拱架节点、拱顶及拱脚处；满布式拱架宜设置在拱顶、1/4 跨径、拱脚及拱架节点等处，各段的接缝面应与拱轴线垂直，各分段点应预留间隔槽，其宽度宜为 0.5 ~ 1m。 （3）分段浇筑程序应符合设计要求，应对称于拱顶进行。各分段内的混凝土应一次连续浇筑完毕，因故中断时，应将施工缝凿成垂直于拱轴线的平面或台阶式接合面。 （4）间隔槽混凝土浇筑应由拱脚向拱顶对称进行。应待拱圈混凝土分段浇筑完成且强度达到 75% 设计强度并且接合面按施工缝处理后再进行。 （5）分段浇筑钢筋混凝土拱圈（拱肋）时，纵向不得采用通长钢筋，钢筋接头应安设在后浇的几个间隔槽内，并应在浇筑间隔槽混凝土时焊接。 （6）浇筑大跨径拱圈（拱肋）混凝土时，宜采用分环（层）分段方法浇筑，也可纵向分幅浇筑，中幅先行浇筑合龙，达到设计要求后，再横向对称浇筑合龙其他幅

 此处内容在考查选择题时，可以这样出题："关于在拱架上分段浇筑混凝土拱圈施工技术的说法，正确的有（　　）。"

【考点6】斜拉桥施工技术（☆☆☆）

 本考点内容在近几年考试中考核频次较低，相关内容考生在复习时浏览一遍即可。

1K412040　管涵和箱涵施工

【考点1】管涵施工技术（☆☆☆）

 本考点内容在近几年考试中考核频次较低，相关内容考生在复习时浏览一遍即可。

【考点2】箱涵顶进施工技术（☆☆☆☆☆）[21年案例]

1．地道桥施工流程图

 左图是案例实操题中典型的考核形式，要求补全流程图。此类型的题目重在对于相关知识点的理解。因此，A——预制地道桥；B——监控量测。

此处补充箱涵顶进的流程（注重理解）：现场调查→工程降水→工作坑开挖→后背制作→滑板制作→铺设润滑隔离层→箱涵制作→顶进设备安装→既有线加固→箱涵试顶进→吃土顶进→监控量测→箱体就位→拆除加固设施→拆除后背及顶进设备→工作坑恢复。

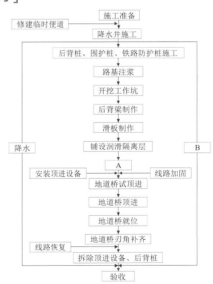

图 1K412040-1　地道桥施工流程图

051

2. 箱涵顶进施工技术要点

箱涵顶进施工技术要点　　　　　　　表 1K412040-1

项目	内容
箱涵顶进启动 **直击考点** 此处内容在 2021 年考查了案例补充题："地道桥每次顶进，除检查液压系统外，还应检查哪些部位的使用状况？"	（1）液压千斤顶顶紧后（顶力在 0.1 倍结构自重），应暂停加压，检查顶进设备、后背和各部位，无异常时可分级加压试顶。 （2）每当油压升高 5~10MPa 时，需停泵观察，应严密监控顶镐、顶柱、后背、滑板、箱涵结构等部位的变形情况，如发现异常情况，立即停止顶进；找出原因采取措施解决后方可重新加压顶进。 （3）当顶力达到 0.8 倍结构自重时箱涵未启动，应立即停止顶进；找出原因采取措施解决后方可重新加压顶进。 （4）箱涵启动后，应立即检查后背、工作坑周围土体稳定情况，无异常情况，方可继续顶进
顶进挖土	（1）根据箱涵的净空尺寸、土质情况，可采取人工挖土或机械挖土。一般宜选用小型反铲挖掘机按侧刃脚坡度自上往下开挖，每次开挖进尺宜为 0.5m；当土质较差时，可按千斤顶的有效行程掘进，随挖随顶，防止路基塌方。挖土顶进应三班连续作业，不得间断。 （2）侧刃脚进土应在 0.1m 以上。 （3）列车通过时严禁继续挖土，人员应撤离开挖面
顶进作业	（1）每次顶进应检查液压系统、传力设备、刃脚、后背和滑板等变化情况，发现问题及时处理。 （2）挖运土方与顶进作业循环交替进行。每前进一顶程，即应切换油路，并将顶进千斤顶活塞回复原位；按顶进长度补放小顶铁，更换长顶铁，安装横梁。 （3）箱涵每前进一顶程，应观测轴线和高程，发现偏差及时纠正。 （4）箱涵吃土顶进前，应及时调整好箱涵的轴线和高程。在铁路路基下吃土顶进，不宜对箱涵做较大的轴线、高程调整动作
监控与检查	（1）箱涵顶进前，应对箱涵原始（预制）位置的里程、轴线及高程测定原始数据并记录。顶进过程中，每一顶程要观测并记录各观测点左、右偏差值；高程偏差值和顶程及总进尺。 **直击考点** 此处内容在 2021 年考查了案例简答题："在每一顶程中测量的内容是哪些？"。 （2）箱涵顶进过程中，每天应定时观测箱涵底板上设置的观测标钉高程，计算相对高差，展图，分析结构竖向变形。对中边墙应测定竖向弯曲

3．箱涵顶进季节性施工技术措施

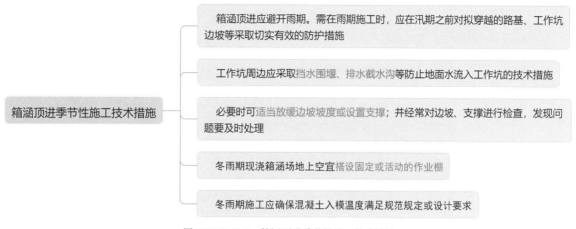

图 1K412040-2　箱涵顶进季节性施工技术措施

直击考点　此处内容在 2021 年考查了案例简答题："地道桥顶进施工应考虑的防水排水措施有哪些？"

1K413000 城市轨道交通工程

1K413010 城市轨道交通工程结构与特点

【考点 1】地铁车站结构与施工方法（☆☆☆☆☆）
[14、22 年单选，20 年多选，15、18、19、20 年案例]

1．地铁车站形式分类、组成（选择题考点）

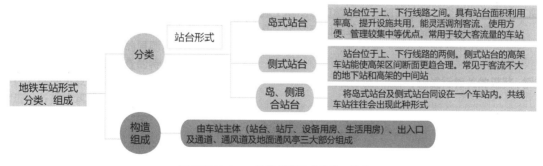

图 1K413010-1　地铁车站形式分类、组成

2. 地铁车站施工方法——明挖法（可以考查选择题、案例题）

地铁车站施工方法——明挖法　　　　　　　　　表 1K413010-1

项目	内容
开挖方式	明挖法按开挖方式分为放坡明挖和不放坡明挖两种。放坡明挖法主要适用于埋深较浅、地下水位较低的城郊地段，边坡进行坡面防护、锚喷支护或土钉墙支护。不放坡明挖主要适用于场地狭窄及地下水丰富的软弱围岩地区
围护结构形式	主要有地下连续墙、人工挖孔桩、钻孔灌注桩、钻孔咬合桩、SMW 工法桩、工字钢桩和钢板桩等 **直击考点** 此处内容在 2019 年考查了案例补充题："根据背景资料本工程围护结构还可以采用哪些方式。"
优、缺点	具有施工作业面多、速度快、工期短、易保证工程质量、工程造价低等优点，缺点是对周围环境影响较大
适用	在地面交通和环境条件允许的地方，应尽可能采用
常见的基坑内支撑结构形式	有现浇混凝土支撑、钢管支撑和 H 形钢支撑等。根据支撑方向的不同，可将支撑分为对撑、角撑和斜撑等，在特殊情况下，也有设置成环形梁的
施工工序（注重理解） **直击考点** 该知识点在 2015、2019 年考查了案例补充题。	围护结构施工→降水（或基坑底土体加固）→第一层开挖→设置第一层支撑→第 n 层开挖→设置第 n 层支撑→最底层开挖→底板混凝土浇筑→自下而上逐步拆支撑（局部支撑可能保留在结构完成后拆除）→随支撑拆除逐步完成结构侧墙和中板→顶板混凝土浇筑
土方开挖	明挖法施工时，土方应分层、分段、分块开挖，开挖后要及时施加支撑。常用的钢管支撑一端为活络头，采用千斤顶在该侧施加预应力。支撑施加预应力时应考虑操作时的应力损失，故施加的预应力值应比设计轴力增加 10% 并对预应力值做好记录。在支撑预支力加设前后的各 12h 内应加密监测频率，发现预应力损失或围护结构变形速率无明显收敛时应复加预应力至设计值 **直击考点** 该知识点在 2019 年考查了案例简答题："钢管支撑施加预应力前后，预应力损失如何处理？"

3. 地铁车站施工方法——盖挖法

地铁车站施工方法——盖挖法　　　　　　　　　表 1K413010-2

项目	内容
优点	围护结构变形小，能够有效控制周围土体的变形和地表沉降，有利于保护邻近建筑物和构筑物；施工受外界气候影响小，基坑底部土体稳定、隆起小、施工安全；盖挖逆作法用于城市街区施工时，可尽快恢复路面，对道路交通影响较小

续表

项目	内容
缺点	施工时，混凝土结构的水平施工缝的处理较为困难；由于竖向出口少，需水平运输，后期开挖土方不方便；作业空间小，施工速度较明挖法慢、工期长、费用高
盖挖法分类	（1）盖挖顺作法：是在棚盖结构施作后开挖到基坑底，再从下至上施作底板、边墙，最后完成顶板。该法仅挖土和出土工作因受盖板的限制，无法使用大型机械，需采用特殊的小型、高效机具。 （2）盖挖逆作法：先施作车站周边围护结构和结构主体桩柱，然后将结构盖板置于围护桩（墙）、柱（钢管柱或混凝土柱）上，自上而下完成土方开挖和边墙、中板及底板衬砌的施工。目前，城市中施工采用最多的是该法。该法施工过程中不需设置临时支撑，而是借助结构顶板、中板自身的水平刚度和抗压强度实现对基坑围护桩（墙）的支撑作用。 （3）盖挖半逆作法：类似逆作法，其区别仅在于顶板完成及恢复路面过程，在半逆作法施工中，一般都必须设置横撑并施加预应力

4. 地铁车站施工方法——喷锚暗挖法（选择题考点）

◆新奥法：

采用锚杆和喷射混凝土为主要支护手段，控制围岩的变形和松弛，使围岩成为支护体系的组成部分，并通过对围岩和支护的量测、监控来指导施工。

◆浅埋暗挖法：

（1）以钢格栅（或其他钢结构）和锚喷作为初期支护手段，遵循"新奥法"原理，按照"十八字"方针（即"管超前、严注浆、短开挖、强支护、快封闭、勤量测"）进行隧道的设计和施工。

（2）采用浅埋暗挖法时，不允许带水作业，要求开挖面具有一定的自立性和稳定性。

 此处内容考查选择题时，可以这样出题："关于隧道浅埋暗挖法施工的说法，错误的是（　　　）。"

【考点2】地铁区间隧道结构与施工方法（☆☆☆）[18年单选，19年多选]

1. 喷锚暗挖（矿山）法（选择题考点）

喷锚暗挖（矿山）法

表 1K413010-3

项目	内容
初期支护施工	初期支护必须从上向下施工，二次衬砌模筑必须通过变形量测确认初期支护结构基本稳定时，才能施工，而且必须从下往上施工，绝不允许先拱后墙施工
浅埋暗挖法与新奥法比较	更强调地层的预支护和预加固。浅埋暗挖法支护衬砌的结构刚度比较大，初期支护允许变形量比较小，有利于减少对地层的扰动及保护周边环境
地层预加固和预支护	常用的预加固和预支护方法有：小导管超前预注浆、开挖面超前深孔注浆及管棚超前支护
二次衬砌	二次衬砌模板可以采用临时木模板或金属定型模板，更多情况则使用模板台车

项目	内容
监控量测	拱顶沉降是控制稳定较直观的和可靠的判断依据，水平收敛和地表沉降有时也是重要的判断依据
衬砌结构	复合式结构：是由初期支护、防水隔离层和二次衬砌所组成。最适宜采用喷锚支护，选用锚杆、喷射混凝土、钢筋网和钢支撑等单一或并用而成

2. 盾构法

盾构法　　　　　　　　　　　　　　　　　　　　　表 1K413010-4

项目	内容
盾构法施工隧道优点（选择题考点） **直击考点** 此处内容在考查选择题时，可以这样出题："盾构法施工隧道的优点（　　）。"	（1）除工作井施工外，施工作业均在地下进行，既不影响地面交通，又可减少对附近居民的噪声和振动影响。 （2）盾构推进、出土、拼装衬砌等主要工序循环进行，施工易于管理，施工人员也较少。 （3）在一定覆土范围内，隧道的施工费用不受覆土量多少影响，适宜于建造覆土较深的隧道。 （4）施工不受风雨等气候条件影响。 （5）当隧道穿过河底或其他建筑物时，不影响航运通行和建（构）筑物的正常使用。 （6）土方及衬砌施工安全、掘进速度快。 （7）在松软含水地层中修建埋深较大的长隧道具有技术和经济方面的优越性
盾构法施工隧道缺点（选择题考点）	（1）当隧道曲线半径过小时，施工困难。 （2）在陆地建造隧道时，如隧道覆土太浅，则盾构法施工困难很大，而在水下时，如覆土太浅则盾构法施工不够安全。 （3）盾构施工中采用全气压方法以疏干和稳定地层时，对劳动保护要求较高，施工条件差。 （4）对于结构断面尺寸多变的区段适应能力较差
管环组成	盾构隧道衬砌的主体是管片拼装组成的管环，管环通常由 A 型管片（标准环）、B 型管片（邻接块）和 K 型管片（封顶块）构成，管片之间一般采用螺栓连接
联络通道（选择题考点）	设置在两条地铁隧道之间的一条横向通道，起到安全疏散乘客、隧道排水及防火、消防等作用。目前，国内地铁的联络通道主要采用暗挖法、超前预支护方法（深孔注浆或冻结法）施工

【考点 3】轻轨交通高架桥梁结构（☆☆☆）

 本考点中着重了解下述内容即可，其余内容略看。

1. 高架桥的基本结构

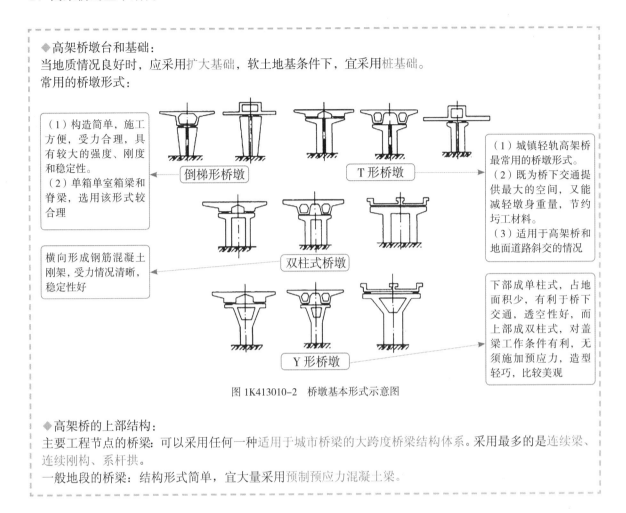

◆高架桥墩台和基础：
当地质情况良好时，应采用扩大基础，软土地基条件下，宜采用桩基础。
常用的桥墩形式：

（1）构造简单，施工方便，受力合理，具有较大的强度、刚度和稳定性。
（2）单箱单室箱梁和脊梁，选用该形式较合理

横向形成钢筋混凝土刚架，受力情况清晰，稳定性好

倒梯形桥墩　　T形桥墩

双柱式桥墩

Y形桥墩

（1）城镇轻轨高架桥最常用的桥墩形式。
（2）既为桥下交通提供最大的空间，又能减轻墩身重量，节约圬工材料。
（3）适用于高架桥和地面道路斜交的情况

下部成单柱式，占地面积少，有利于桥下交通，透空性好，而上部成双柱式，对盖梁工作条件有利，无须施加预应力，造型轻巧，比较美观

图 1K413010-2　桥墩基本形式示意图

◆高架桥的上部结构：
主要工程节点的桥梁：可以采用任何一种适用于城市桥梁的大跨度桥梁结构体系。采用最多的是连续梁、连续刚构、系杆拱。
一般地段的桥梁：结构形式简单，宜大量采用预制预应力混凝土梁。

【考点4】城市轨道交通的轨道结构（☆☆☆）[13年单选]

 本考点中着重了解下述内容即可，其余内容略看。

1. 轨道形式与选择（选择题考点）

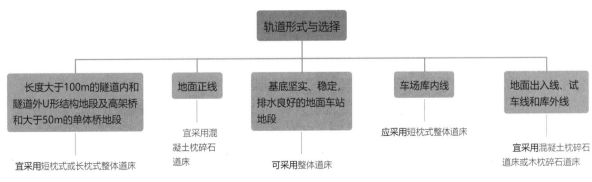

轨道形式与选择				
长度大于100m的隧道内和隧道外U形结构地段及高架桥和大于50m的单体桥地段	地面正线	基底坚实、稳定，排水良好的地面车站地段	车场库内线	地面出入线、试车线和库外线
宜采用短枕式或长枕式整体道床	宜采用混凝土枕碎石道床	可采用整体道床	应采用短枕式整体道床	宜采用混凝土枕碎石道床或木枕碎石道床

图 1K413010-3　轨道形式与选择

2. 减振结构、隔声屏障

◆减振结构：一般减振轨道结构可采用无缝线路、弹性分开式扣件和整体道床或碎石道床。
◆隔声屏障：声屏障按降噪功能可分为扩散反射型声屏障、吸收共振型声屏障、有源降噪型声屏障；按结构类型有直立式、折壁式、表面倾斜式、半封闭或全封闭式等；根据不同顶端类型又有倒 L 形、T 形、Y 形、圆弧形、鹿角形等。

1K413020 明挖基坑施工

【考点1】地下水控制（☆☆☆☆）[16、17 年多选，18、20、22 年案例]

1. 地下水控制基本要求（选择题考点）

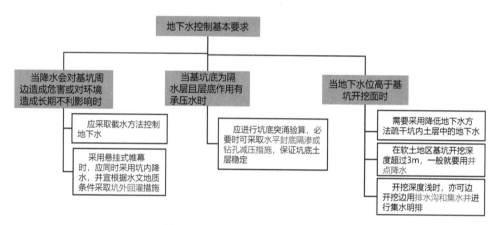

图 1K413020-1 地下水控制基本要求

2. 截水

◆采用隔水帷幕的目的是阻止基坑外地下水流入基坑内部，或减小地下水沿帷幕的水力梯度。
◆基坑隔水方法应根据工程地质条件、水文地质条件及施工条件等，选用水泥土搅拌桩帷幕、高压旋喷或摆喷注浆帷幕、地下连续墙或咬合式排桩等。

3. 降水

降水 表 1K413020-1

降水方法	内容
集水明排	（1）适用土质类别：填土、黏性土、粉土、砂土、碎石土。 （2）当基坑开挖不很深，基坑涌水量不大时，集水明排法是应用最广泛，亦是最简单、经济的方法。明沟、集水井排水多是在基坑的两侧或四周设置排水明沟，在基坑四角或每隔 30 ~ 50m 设置集水井。 （3）排水明沟宜布置在拟建建筑基础边 0.4m 以外，沟边缘离开边坡坡脚应不小于 0.3m。明沟的底面应比挖土面低 0.3 ~ 0.4m。集水井底面应比沟底面低 0.5m 以上。明沟的坡度不宜小于 0.3%，沟底应采取防渗措施。 （4）集水明排设施与市政管网连接口之间应设置沉淀池

续表

降水方法	内容
井点降水	（1）轻型井点布置应根据基坑平面形状与大小、地质和水文情况、工程性质、降水深度等而定。 此处内容在考查选择题时，可以这样出题："明挖基坑轻型井点降水的布置应根据基坑的（　　）来确定。" 当基坑（槽）宽度小于 6m 且降水深度不超过 6m 时，可采用单排井点，布置在地下水上游一侧；当基坑（槽）宽度大于 6m 或土质不良，渗透系数较大时，宜采用双排井点，布置在基坑（槽）的两侧；当基坑面积较大时，宜采用环形井点。 （2）轻型井点宜采用金属管，井管距坑壁不应小于 1.0 ～ 1.5m（距离太小易漏气）。井点间距一般为 0.8 ～ 1.6m。井点管必须将滤水管埋入含水层内，并且比挖基坑（沟、槽）底深 0.9 ～ 1.2m。 （3）真空井点和喷射井点可选用清水或泥浆钻进、高压水套管冲击工艺（钻孔法、冲孔法或射水法），对不易塌孔、缩颈地层也可选用长螺旋钻机成孔；喷射井点深度应比设计开挖深度大 3.0 ～ 5.0m。孔壁与井管之间的滤料宜采用中粗砂，滤料上方宜使用黏土封堵，封堵至地面的厚度应大于 1m。 （4）管井的滤管可采用无砂混凝土滤管、钢筋笼、钢管或铸铁管。滤管内径应按满足单井设计流量要求而配置的水泵规格确定，管井成孔直径应满足填充滤料的要求；滤管与孔壁之间填充的滤料宜选用磨圆度好的硬质岩石成分的圆砾，不宜采用棱角形石渣料、风化料或其他黏质岩石成分的砾石。井管底部应设置沉砂段 此处内容在 2020 年考查了案例简答题；管井成孔时是否需要泥浆护壁？写出滤管与孔壁间填充滤料的名称，写出确定滤管内径的因素是什么？

上述内容可以出选择题、案例题，注重理解。

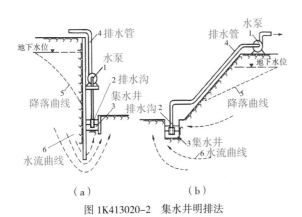

（a）　　　　　（b）

图 1K413020-2　集水井明排法

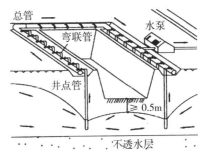

图 1K413020-3　真空井点降水

4．污水管道沟槽与支护结构断面图

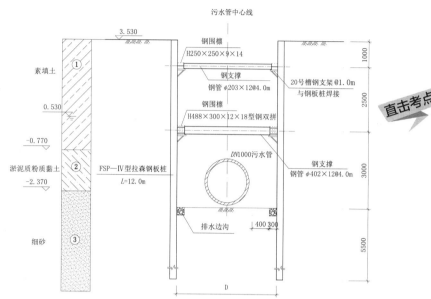

图 1K413020-4　污水管道沟槽与支护结构断面图（高程单位：m；尺寸单位：mm）

直击考点　（1）案例识图计算题也是案例实操题的典型考核形式。一般需要结合背景与示意图去计算。
（2）根据左图，要求列式计算地下水埋深 h（单位为 m），指出可采用的地下水控制方法。
（3）因此，地下水埋深 $h=3.53-0.53=3.0$m。可采用的地下水控制方法有：井点降水（或管井降水、真空降水）。

5．回灌

◆当基坑周围存在需要保护的建（构）筑物或地下管线且基坑外地下水位降幅较大时，可采用地下水人工回灌措施。浅层潜水回灌宜采用回灌砂井和回灌砂沟，微承压水与承压水回灌宜采用回灌井。实施地下水人工回灌措施时，应设置水位观测井。
◆当采用坑内减压降水时，坑外回灌井深度不宜超过承压含水层中隔水帷幕的深度。当采用坑外减压降水时，回灌井与减压井的间距不宜小于 6m。
◆回灌井施工结束至开始回灌，应至少有 2～3 周的时间间隔。管井外侧止水封闭层顶至地面之间，宜用素混凝土充填密实。

　该知识点属于案例题考点，在 2018 年考查了案例简答题：观察井、回灌井、管井的作用分别是什么？在 2022 年考查了案例分析判断题：该项目降水后基坑外是否需要回灌？说明理由。

6．隔水帷幕位置示意图

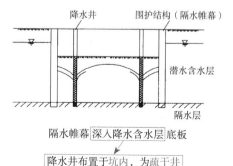

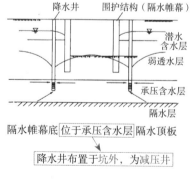

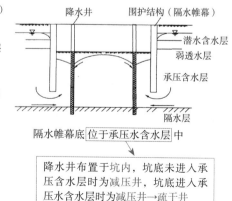

图 1K413020-5　隔水帷幕位置示意图

【考点2】深基坑支护结构与边坡防护（☆☆☆☆☆）

[16、17、20年单选，13、17、18、21年多选，14、17、18、19、20年案例]

1. 不同类型围护结构的特点

不同类型围护结构的特点　　　　　　　　　表 1K413020-2

类型		特点
排桩	预制混凝土板桩	（1）预制混凝土板桩施工较为困难，对机械要求高，而且挤土现象很严重。 （2）桩间采用槽榫接合方式，接缝效果较好，有时需辅以止水措施。 （3）自重大，受起吊设备限制，不适合大深度基坑
	钢板桩	（1）成品制作，可反复使用。 （2）施工简便，但施工有噪声。 （3）刚度小，变形大，与多道支撑结合，在软弱土层中也可采用。 （4）新的时候止水性尚好，如有漏水现象，需增加防水措施
	钢管桩	（1）截面刚度大于钢板桩，在软弱土层中开挖深度大。 （2）需有防水措施相配合
	灌注桩	（1）刚度大，可用在深大基坑。 （2）施工对周边地层、环境影响小。 （3）需降水或和止水措施配合使用，如搅拌桩、旋喷桩等
	SMW 工法桩	（1）强度大，止水性好。 （2）内插的型钢可拔出反复使用，经济性好。 （3）具有较好发展前景，国内上海等城市已有工程实践。 （4）用于软土地层时，一般变形较大
其他	重力式水泥土挡墙／水泥土搅拌桩挡墙	（1）无支撑，墙体止水性好，造价低。 （2）墙体变位大
	地下连续墙	（1）刚度大，开挖深度大，可适用于所有地层。 （2）强度大，变位小，隔水性好，同时可兼作主体结构的一部分。 （3）可邻近建筑物、构筑物使用，环境影响小。 （4）造价高

直击考点　该知识点一般考查选择题，考核形式有：

（1）根据围护结构特点选择相适应的围护结构类型，如 2010 年："下列基坑围护结构中，主要结构材料可以回收反复使用的是（　　）"、2017 年："主要材料可反复使用，止水性好的基坑围护结构是（　　）"、2020 年："地铁基坑采用的围护结构形式很多，其中强度大、开挖深度大，同时可兼作主体结构一部分的围护结构是（　　）"均是该种出题形式。

（2）直接说明某围护结构类型，去选择属于该种围护结构类型的特点，如："下列围护结构特点中，属于 SMW 工法桩特点的是（　　）"。

2. 深基坑围护结构类型具体要点（可以考查选择题、案例分析判断题、案例简答题）

（1）钢板桩与钢管桩：

◆钢板桩强度高，桩与桩之间的连接紧密，隔水效果好。具有施工灵活，板桩可重复使用等优点，是基坑常用的一种挡土结构。

◆常用的钢板桩断面形式多为 U 形或 Z 形。采用钢板桩作支护墙时在其上口及支撑位置需用钢围檩将其连接成整体，并根据深度设置支撑或拉锚。钢板桩沉放和拔除方法、使用的机械均与工字钢桩相同。

U 形钢板桩　　　　　　　　　Z 形钢板桩

图 1K413020-6　常用的钢板桩断面形式

直击考点　此处内容在 2020 年考查了案例简答题："写出钢板桩围护方式的优点。"

（2）钻孔灌注桩围护结构（选择题考点）：

直击考点　此处内容在 2009 年考查了单选题："地铁车站明挖基坑采用钻孔灌注桩围护结构时，围护施工常采用的成孔设备有（　　）。"

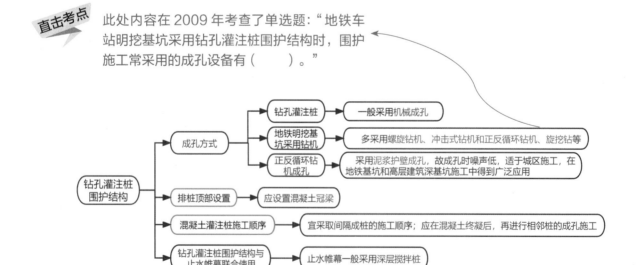

图 1K413020-7　钻孔灌注桩围护结构

（3）SMW工法桩（型钢水泥土搅拌墙）：

◆ SMW工法桩挡土墙是利用搅拌设备就地切削土体，然后注入水泥类混合液搅拌形成均匀的水泥土搅拌墙，最后在墙中插入型钢，即形成一种劲性复合围护结构。此类结构在软土地区有较多应用。
◆ 型钢水泥土搅拌墙中型钢的间距和平面布置形式应根据计算确定，常用的内插型钢布置形式可采用密插型、插二跳一型和插一跳一型三种。相邻型钢的接头竖向位置宜相互错开，错开距离不宜小于1m，且型钢接头距离基坑底面不宜小于2m。拟拔出回收的型钢，插入前应先在干燥条件下除锈，再在其表面涂刷减摩材料。

图 1K413020-8　SMW工法桩

（4）地下连续墙：

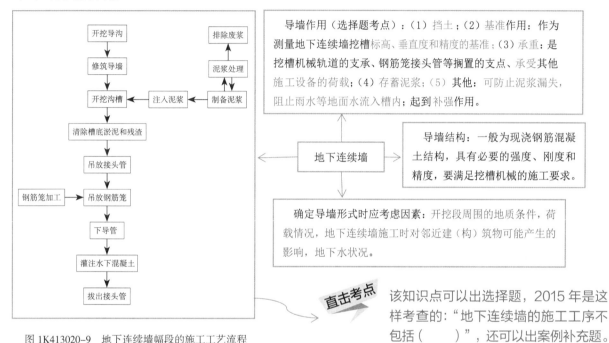

导墙作用（选择题考点）：（1）挡土；（2）基准作用：作为测量地下连续墙挖槽标高、垂直度和精度的基准；（3）承重：是挖槽机械轨道的支承、钢筋笼接头管等搁置的支点、承受其他施工设备的荷载；（4）存蓄泥浆；（5）其他：可防止泥浆漏失，阻止雨水等地面水流入槽内；起到补强作用。

导墙结构：一般为现浇钢筋混凝土结构，具有必要的强度、刚度和精度，要满足挖槽机械的施工要求。

确定导墙形式时应考虑因素：开挖段周围的地质条件，荷载情况，地下连续墙施工时对邻近建（构）筑物可能产生的影响，地下水状况。

图 1K413020-9　地下连续墙幅段的施工工艺流程

直击考点　该知识点可以出选择题，2015年是这样考查的："地下连续墙的施工工序不包括（　　）"，还可以出案例补充题。

3.污水处理厂扩建工程基坑围护结构与箱体结构位置立面示意图

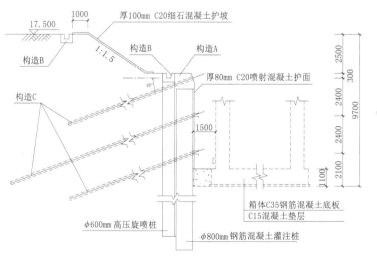

直击考点　案例识图分析题是市政案例实操题典型的考核形式。左图是一污水处理厂扩建工程的基坑围护结构与箱体结构位置立面示意图，因此构造A为冠梁，构造B为排水沟（或截水沟）；构造C为锚杆（或锚索）。

图 1K413020-10　污水处理厂扩建工程基坑围护结构与箱体结构位置立面示意图
（高程单位：m；尺寸单位：mm）

4．支撑结构体系

◆内支撑：有钢撑、钢管撑、钢筋混凝土撑及钢与混凝土混合支撑等。
◆外拉锚：有拉锚和土锚两种形式。
◆支撑结构挡土的应力传递路径：围护（桩）墙→围檩（冠梁）→支撑。
◆在深基坑的施工支护结构中，常用的支撑系统按其材料可分为现浇钢筋混凝土支撑体系和钢支撑体系两类，其形式和特点见下表。

两类支撑体系的形式和特点 表 1K413020-3

材料	布置形式	特点
现浇钢筋混凝土	有对撑、边桁架、环梁结合边桁架等，形式灵活多样	混凝土结硬后刚度大，变形小，强度的安全性、可靠性强，施工方便，但支撑浇筑和养护时间长，围护结构处于无支撑的暴露状态时间长、软土中被动区土体位移大，如对控制变形有较高要求时，需对被动区软土加固。施工工期长，拆除困难，爆破拆除对周围环境有影响
钢结构	竖向布置有水平撑、斜撑；平面布置形式一般为对撑、井字撑、角撑。也有与钢筋混凝土支撑结合使用的，但要谨慎处理变形协调问题	装、拆除施工方便，可周转使用，支撑中可加预应力，可调整轴力而有效控制围护墙变形；施工工艺要求较高，如节点和支撑结构处理不当，或施工支撑不及时、不准确，会造成失稳

 此处内容在 2014 年考查了案例识图分析判断题。

5．支撑体系的布置及施工

支撑体系的布置及施工 表 1K413020-4

项目	内容
布置原则	（1）宜采用受力明确、连接可靠、施工方便的结构形式。 （2）宜采用对称、平衡性、整体性强的结构形式。 （3）应与主体结构的结构形式、施工顺序协调，以便于主体结构施工。 （4）应利于基坑土方开挖和运输。 （5）有时，可利用内支撑结构作施工平台
施工	（1）内支撑结构的施工与拆除顺序应与设计一致，必须坚持先支撑后开挖的原则。 （2）围檩与围护结构之间紧密接触，不得留有缝隙。如有间隙应用强度不低于 C30 的细石混凝土充填密实或采用其他可靠连接措施。 （3）钢支撑应按设计要求施加预压力，当监测到预加压力出现损失时，应再次施加预压力。 （4）支撑拆除应在替换支撑的结构构件达到换撑要求的承载力后进行

 此处内容在 2018 年、2021 年均以多选题的形式进行了考查，可以这样出题："关于基坑工程内支撑体系的布置及施工的说法，正确的有（   ）。"

6．基坑边（放）坡

（1）基坑边坡稳定影响因素：

◆地质条件、现场条件等允许时，通常采用放坡开挖基坑形式修建地下工程或构筑物的地下部分。此时保持基坑边坡的稳定是非常重要的、当基坑边坡土体中的剪应力大于土体的抗剪强度时，边坡就会失稳坍塌。

（2）基坑放坡要求：

◆放坡应以控制分级坡高和坡度为主，必要时辅以局部支护结构和保护措施，放坡设计与施工时应考虑雨水的不利影响。

◆分级放坡时，宜设置分级过渡平台。下级放坡坡度宜缓于上级放坡坡度。

（3）基坑边坡稳定控制措施：

◆根据土层的物理力学性质及边坡高度确定基坑边坡坡度，并于不同土层处做成折线形边坡或留置台阶。

◆施工时严格按照设计坡度进行边坡开挖，不得挖反坡。

◆在基坑周围影响边坡稳定的范围内，应对地面采取防水、排水、截水等防护措施，禁止雨水等地面水浸入土体，保持基底和边坡的干燥。

◆严格禁止在基坑边坡坡顶较近范围堆放材料、土方和其他重物以及停放或行驶较大的施工机械。

◆对于土质边坡或易于软化的岩质边坡，在开挖时应及时采取相应的排水和坡脚、坡面防护措施。

◆在整个基坑开挖和地下工程施工期间，应严密监测坡顶位移，随时分析监测数据。当边坡有失稳迹象时，应及时采取削坡、坡顶卸荷、坡脚压载或其他有效措施。

 直击考点 该知识点属于案例题考点，在 2017 年考查了案例识图分析判断题；2018 考查了案例分析题、案例简答题："试分析该污水沟槽南侧边坡坍塌的可能原因？并列出可采取的边坡处理措施。"

（4）常用的护坡措施（案例题考点）：

◆常用的保护措施有：叠放砂包或土袋、水泥砂浆和细石混凝土抹面、挂网喷浆或混凝土、锚杆喷射混凝土护面、塑料膜或土工织物覆盖坡等。

【考点3】基坑（槽）土方开挖及基坑变形控制（☆☆☆）[14 年单选，19 年案例]

1．基坑开挖（案例题考点）

基本规定

(1)放坡开挖时，应对坡顶、坡面、坡脚采取降水排水措施。
(2)软土基坑必须分层、分块、对称、均衡地开挖，分块开挖后必须及时支护。
(3)基坑开挖过程中，必须采取措施防止开挖机械等碰撞支护结构、格构柱、降水井点或扰动基底原状土。
(4)当开挖揭露的实际土层状况或地下水情况与设计依据的勘察资料明显不符，或出现异常现象、不明物体时，应停止开挖，在采取相应措施后方可开挖

立即停止挖土情形

(1)支护结构变形达到设计规定的控制值或变形速率持续增长且不收敛。
(2)支护结构的内力超过其设计值或突然增大。
(3)围护结构或止水帷幕出现渗漏，或基坑出现流土、管涌现象。
(4)开挖暴露出的基底出现明显异常（包括黏性土时强度明显偏低或砂性土层水位过高造成开挖施工困难）。
(5)围护结构发生异常声响。
(6)边坡或支护结构出现失稳征兆。
(7)基坑周边建（构）筑物变形过大或已经开裂

口助诀记

（1）支护结构基坑：围护结构渗漏、异响；支护结构内力突增、变形、失稳。
（2）放坡开挖基坑：边坡失稳。
（3）所有基坑：基底异常。
（4）周边（建）构筑物：变形开裂。

图 1K413020-11 基坑开挖

2. 基坑变形特征

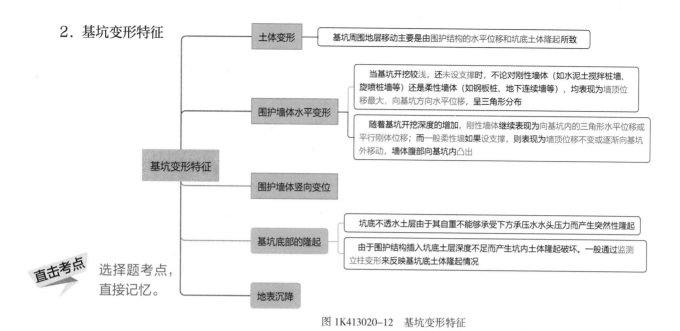

图 1K413020-12　基坑变形特征

基坑变形特征

- **土体变形**：基坑周围地层移动主要是由围护结构的水平位移和坑底土体隆起所致
- **围护墙体水平变形**：
  - 当基坑开挖较浅，还未设支撑时，不论对刚性墙体（如水泥土搅拌桩墙、旋喷桩墙等）还是柔性墙体（如钢板桩、地下连续墙等），均表现为墙顶位移最大，向基坑方向水平位移，呈三角形分布
  - 随着基坑开挖深度的增加，刚性墙体继续表现为向基坑内的三角形水平位移或平行刚体位移；而一般柔性墙如果设支撑，则表现为墙顶位移不变或逐渐向基坑外移动，墙体腹部向基坑内凸出
- **围护墙体竖向变位**
- **基坑底部的隆起**：
  - 坑底不透水土层由于其自重不能够承受下方承压水水头压力而产生突然性隆起
  - 由于围护结构插入坑底土层深度不足而产生坑内土体隆起破坏。一般通过监测立柱变形来反映基坑底土体隆起情况
- **地表沉降**

直击考点　选择题考点，直接记忆。

3. 基坑的变形控制

基坑的变形控制　　　　　　　　　　　　　　　　　　　表 1K413020-5

项目	内容
控制基坑变形的主要方法	（1）增加围护结构和支撑的刚度。 （2）增加围护结构的入土深度。 （3）加固基坑内被动区土体。加固方法有抽条加固、裙边加固及二者相结合的形式。 （4）减小每次开挖围护结构处土体的尺寸和开挖后未及时支撑的暴露时间。 （5）通过调整围护结构或隔水帷幕深度和降水井布置来控制降水对环境变形的影响
坑底稳定控制	（1）保证深基坑坑底稳定的方法有加深围护结构入土深度、坑底土体加固、坑内井点降水等措施。 **直击考点**　选择题考点，考查选择题时，可以这样出题："控制基坑底部土体过大隆起的方法有（　　）。" （2）适时施作底板结构

【考点4】地基加固处理方法（☆☆☆☆☆）
[14、19、21、22年单选，14、15、16年多选，21年案例]

1. 基坑地基加固的目的

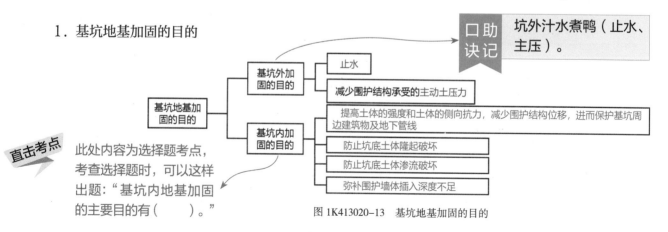

图 1K413020-13　基坑地基加固的目的

口助诀记　坑外汁水煮鸭（止水、主压）。

基坑地基加固的目的

- **基坑外加固的目的**
  - 止水
  - **减少围护结构承受的主动土压力**
- **基坑内加固的目的**
  - 提高土体的强度和土体的侧向抗力，减少围护结构位移，进而保护基坑周边建筑物及地下管线
  - 防止坑底土体隆起破坏
  - 防止坑底土体渗流破坏
  - 弥补围护墙体插入深度不足

直击考点　此处内容为选择题考点，考查选择题时，可以这样出题："基坑内地基加固的主要目的有（　　）。"

2．基坑地基加固的方式

基坑地基加固的方式　　　　　　　　表 1K413020-6

项目	内容
软土地基基坑内被动土压区加固形式	墩式加固：土体加固一般多布置在基坑周边阳角位置或跨中区域
该知识点为选择题考点，可以这样出题："基坑内被动区加固平面布置常用的形式有（　　　）"；"在软土基坑地基加固方式中，基坑面积较大时宜采用（　　　）。"	裙边加固：基坑面积较大
	抽条加固：长条形基坑
	格栅式加固：地铁车站的端头井
	满堂加固：环境保护要求高，或为了封闭地下水
换填材料加固	以提高地基承载力为主，适用于较浅基坑，方法简单、操作方便
采用水泥土搅拌、高压喷射注浆、注浆或其他方法对地基掺入固化剂或使土体固结	以提高土体的强度和土体的侧向抗力为主，适用于深基坑

3．常用基坑地基加固方法——注浆法

◆在地基处理中，注浆工艺所依据的理论主要可分为渗透注浆、劈裂注浆、压密注浆和电动化学注浆四类；其应用条件见下表。

不同注浆法的适用范围　　　　　　　　表 1K413020-7

注浆方法	适用范围
渗透注浆	只适用于中砂以上的砂性土和有裂隙的岩石
劈裂注浆	适用于低渗透性的土层
压密注浆	常用于中砂地基，黏土地基中若有适宜的排水条件也可采用。如遇排水困难而可能在土体中引起高孔隙水压力时，就必须采用很低的注浆速率。压密注浆可用于非饱和的土体，以调整不均匀沉降以及在大开挖或隧道开挖时对邻近土进行加固
电动化学注浆	地基土的渗透系数 $k < 10^{-4}$cm/s，只靠一般静压力难以使浆液注入土的孔隙的地层

该知识点为选择题考点，出题方式有：

"（1）根据适用范围选择相适宜的注浆方法，如：适用于中砂以上的砂性土和有裂隙的岩石土层的注浆方法是（　　　）。"

"（2）根据某注浆方法选择正确的适用范围。"

◆注浆设计包括注浆量、布孔、注浆有效范围、注浆流量、注浆压力、浆液配方等主要工艺参数。

◆注浆加固土的强度具有较大的离散性，注浆检验应在加固后 28d 进行。可采用标准贯入、轻型静力触探法或面波等方法检测加固地层均匀性。

4. 常用基坑地基加固方法——水泥土搅拌法（可以出选择题、案例题）

 直击考点 此处内容在 2014 年考查了选择题，可以这样出题："水泥土搅拌法地基加固适用于（　　　）。"

 口助诀记 水泥搅拌法的优点：土体加固效果好、造价低。

适用于加固淤泥、淤泥质土、素填土、黏性土（软塑和可塑）、粉土（稍密、中密）、粉细砂（稍密、中密）、中粗砂（松散、稍密）、饱和黄土等土层

不适用于含有大孤石或障碍物较多且不易清除的杂填土、欠固结的淤泥和淤泥质土、硬塑及坚硬的黏性土、密实的砂类土，以及地下水影响成桩质量的土层

适用范围　　　　**不适用范围**

原理　　　**确定水泥掺量**　　　**施工质量检测方法**

利用水泥作为固化剂通过特制的搅拌机械，就地将软土和固化剂（浆液或粉体）强制搅拌，使软土硬结成具有整体性、水稳性和一定强度的水泥加固土，从而提高地基土强度和增大变形模量

应根据室内试验确定需加固地基土的固化剂和外加剂的掺量，如果有成熟经验时，也可根据工程经验确定

在成桩 3d 内，采用轻型动力触控检查上部桩身的均匀性；在成桩 7d 后，采用浅部开挖桩头进行检查，开挖深度宜超过停浆（灰）面下 0.5m，检查搅拌的均匀性，量测成桩的直径

 直击考点 此处内容在 2021 年考查了案例简答题："水泥搅拌桩在施工前采用何种方式确定水泥掺量？"

图 1K413020-14　常用基坑地基加固方法——水泥土搅拌法

5. 常用基坑地基加固方法——高压喷射注浆法

常用基坑地基加固方法——高压喷射注浆法　　　　　表 1K413020-8

项目	内容
适用范围	高压喷射注浆法对淤泥、淤泥质土、黏性土（流塑、软塑和可塑）、粉土、砂土、黄土、素填土和碎石土等地基都有良好的处理效果。对于硬黏性土，因喷射流可能受到阻挡或削弱，冲击破碎力急剧下降，切削范围小或影响处理效果 **直击考点** 该知识点为选择题考点，可以这样考查："高压旋喷注浆法在（　　　）中使用会影响其加固效果。"
注浆施工工艺 **直击考点** 该知识点为选择题考点，可以这样考查："高压喷射注浆施工工艺有（　　　）。"	高压喷射有旋喷（固结体为圆柱状）、定喷（固结体为壁状）和摆喷（固结体为扇状）三种基本形状，均可用下列方法实现： （1）单管法：喷射高压水泥浆液一种介质。 （2）双管法：喷射高压水泥浆液和压缩空气两种介质。 （3）三管法：喷射高压水流、压缩空气及水泥浆液等三种介质。 有效处理范围：三管法最长，双管法次之，单管法最短。定喷和摆喷注浆常用双管法和三管法
注浆工艺流程	钻机就位→钻孔→置入注浆管→高压喷射注浆→拔出注浆管

续表

项目	内容
旋喷加固体的直径影响因素	旋喷加固体的直径受施工工艺、喷射压力、提升速度、土类和土性等因素影响
施工质量检查方法	施工质量可根据工程要求和当地经验采用开挖检查、钻孔取芯、标准贯入试验及动力触探等方法检查

1K413030 盾构法施工

【考点1】盾构机选型要点（☆☆☆）[15年单选，16年多选]

 本考点中重点掌握下述内容，其余知识点在近几年考试中考核频次较低，了解即可。

1．盾构类型

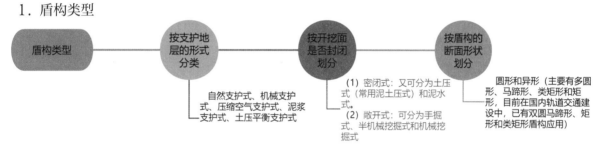

图 1K413030-1　盾构类型

 该知识点在 2009 年、2015 年考查了单选题，在 2016 年考查了多选题。考核形式一般有：

"（1）下列盾构类型中，属于密闭式盾构的是（　　　）。"

"（2）敞开式盾构按开挖方式可分为（　　　）。"

2．盾构机刀盘的功能、盾构对地质条件的适用性

◆盾构机刀盘的功能：开挖功能、稳定功能（支撑开挖面，具有稳定开挖面的功能）、搅拌功能。
◆盾构对地质条件的适用性：
（1）土压平衡盾构：主要应用在黏稠土壤中，该类型土壤富含黏土、粉质黏土或淤土。土压平衡盾构用开挖出的土料作为支撑开挖面稳定的介质，对作为支撑介质的土料，要求其具有良好的塑性变形、软稠度、内摩擦角小及渗透率小。除软黏土外，一般土体不完全具有这种特性，需进行改良。改良的方法：加水、膨润土、黏土、CMC、聚合物或泡沫等，根据土质情况单独或组合选用。
（2）泥水加压盾构：在冲积黏土和洪积砂土交错出现的特殊地层，软弱的淤泥质土层、松动的砂土层、砂砾层、卵石砂砾层、砂砾和坚硬土互层等含水地层中均适用。

【考点2】盾构施工条件与现场布置（☆☆☆）[22年案例]

 本考点中重点掌握下述内容，其余知识点在近几年考试中考核频次较低，了解即可。

1. 盾构法施工条件

◆隧道埋深：隧道应有足够的埋深，覆土深度不宜小于 1D（洞径）。
◆对环境的影响：接近既有建（构）筑物施工时，有时需要辅助措施；除工作井部分外，对道路交通影响较小；振动、噪声一般限制在工作井洞口附近，可用隔音墙防护。
◆截面形状：标准形状为圆形，也可采用异形截面。

2. 盾构法施工准备

盾构法施工准备　　　　　　　　　　　　　　　　　　　表 1K413030-1

项目	内容
工作井位置和施工方法选择 **直击考点** 该知识点在 2022 年考查了案例简答题："工作井位置应按什么要求选定？"	（1）在盾构掘进的始端和终端设置工作井。 （2）工作井位置选择要考虑不影响地面社会交通，对附近居民的噪声和振动影响较少，且能满足施工生产组织的需要。 （3）工作井应根据地质条件和环境条件，选择安全经济和对周边影响小的施工方法，通常采用明挖法施工
工作井断面尺寸确定	始发工作井的长度应大于盾构主机长度 3m，宽度应大于盾构直径 3m以上；接收工作井的平面内净尺寸应满足盾构接收、解体和调头的要求

3. 盾构法施工现场布置（选择题考点）

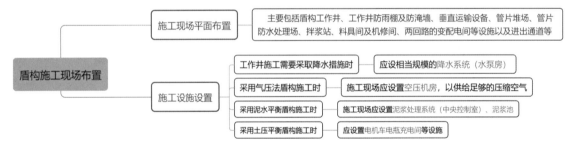

图 1K413030-2　盾构法施工现场布置

【考点3】盾构施工阶段划分及始发与接收施工技术（☆☆☆）
[20 年单选，13、22 年多选]

1. 常用的洞口土体加固方法（选择题考点）

常用的加固方法
常用的加固有化学注浆法、砂浆回填法、深层搅拌法、高压旋喷注浆法、冷冻法等。国内较常用的是深层搅拌法、高压旋喷注浆法、冷冻法

冻结法
造价高、解冻后存在沉降——旋喷桩加固虽然效果好，但其造价远高于深层桩。除工作井较深、洞门处土层为水头较高的承压水层外，洞门土体加固较为广泛采用的是深层搅拌法，并在搅拌桩加固体与连续墙间无法加固的间隙处，用旋喷法进行补充加固

图 1K413030-3　常用的洞口土体加固方法

2．洞口土体加固的风险防控和处理

◆洞口土体加固最常见的问题有两点：（1）加固效果不好，造成开洞门时土体坍塌；（2）加固范围不当，造成始发时水土流失。

◆出现开洞门失稳现象时的处理：（1）在小范围的情况下可采用边破除洞门混凝土，边喷素混凝土的方法对土体临空面进行封闭；（2）土体坍塌失稳情况严重时，只有封闭洞门重新加固。

◆洞口土体加固完成后，应进行钻孔取芯试验以检查效果。在加固区钻水平孔和垂直孔检查渗水量，水平孔分布于盾构隧道上、下、左、右部和中心处各一个，深8m。垂直孔在加固区前端布置2个，在施工中钻孔误差较大的部位布设1个。检查孔使用后，采用低强度水泥砂浆封孔。

3．盾构始发施工技术要点（选择题考点）

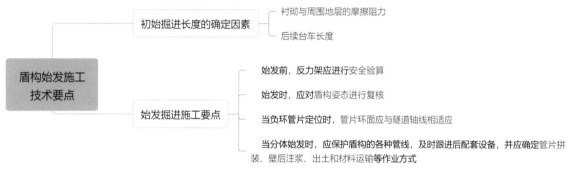

图 1K413030-4　盾构始发施工技术要点

4．盾构接收施工技术要点

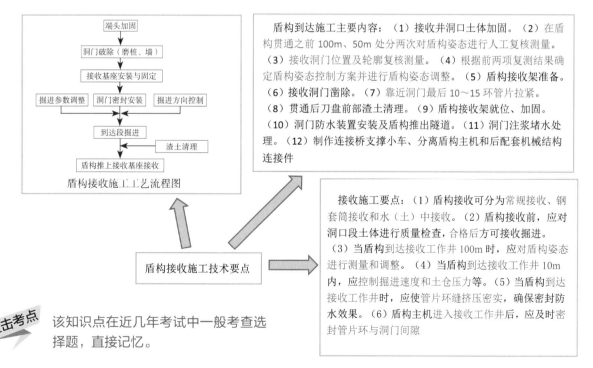

图 1K413030-5　盾构接收施工技术要点

【考点4】盾构掘进技术（☆☆☆）[21年单选，22年多选]

 直击考点 本考点教材篇幅内容较多，但是在历年考试中涉及的考核点较少，考生只需掌握下述内容，其余内容在第一遍复习时浏览一遍即可。

1. 土压平衡盾构掘进（选择题考点）

（1）土仓压力管理：

土仓压力管理 表 1K413030-2

项目	内容
管理的基本思路	作为上限值，以尽量控制地表面的沉降为目的而使用静止土压力。
	作为下限值，可以允许产生少量的地表沉降，但可确保开挖面的稳定为目的而使用主动土压力
土仓压力维持方法	用螺旋排土器的转数控制；用盾构千斤顶的推进速度控制；两者的组合控制等

（2）渣土改良：

◆改良渣土的特性：良好的塑流状态；良好的黏稠度；低内摩擦力；低透水性。
◆当渣土满足不了这些要求时，需通过向刀盘、土仓内及螺旋输送机内注入改良材料对渣土进行改良，常用的改良材料是泡沫或膨润土泥浆。

（3）土压平衡盾构掘进要点：

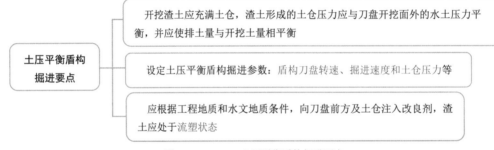

图 1K413030-6 土压平衡盾构掘进要点

2. 壁后注浆

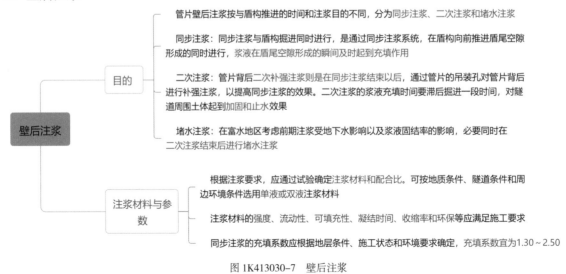

图 1K413030-7 壁后注浆

3. 盾构姿态控制（选择题考点）

◆线形控制的主要任务是通过控制盾构姿态，使构建的衬砌结构几何中心线线形顺滑，且位于设计中心线的容许误差范围内。

◆纠偏时应控制单次纠偏量，应逐环和小量纠偏，不得过量纠偏。

◆根据盾构的横向和竖向偏差及滚转角，调整盾构姿态可采取液压缸分组控制或使用仿形刀适量超挖或反转刀盘等措施。

【考点5】盾构法施工地层变形控制措施（☆☆☆）[17、18、21年单选]

1. 地层变形阶段及影响因素（选择题考点）

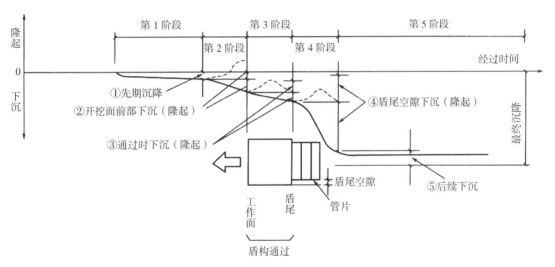

图 1K413030-8　盾构掘进地层变形阶段示意图

直击考点 此处内容一般考查选择题，可以这样出题："下列盾构掘进的地层中，需要采取措施控制后续沉降的是（　　）。"

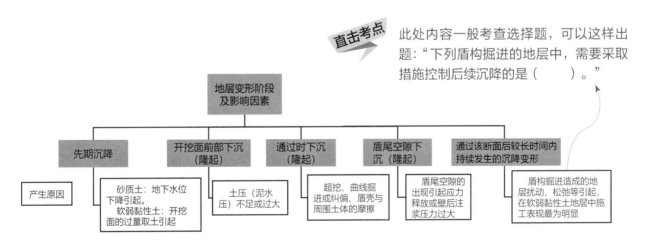

图 1K413030-9　地层变形阶段及影响因素

2. 盾构掘进地层变形控制措施（选择题考点）

盾构掘进地层变形控制措施　　　　　　　　　　　　　表 1K413030-3

项目	控制措施
防止开挖面的土水压力不均衡引起变形的措施	土压平衡盾构可通过调整推进速度与螺旋出土器的转速，使压力舱压力与开挖面土水压力相对应。 根据需要注入适当的添加剂增加开挖土体的塑流性。 泥水加压盾构可根据开挖面土层的透水性来调整泥浆特性，并仔细进行泥浆管理，使压力舱压力始终对应于开挖面的土水压力
减小盾构穿越过程中围岩变形的措施	控制好盾构姿态，避免不必要的纠偏作业。出现偏差时，应本着"勤纠、少纠、适度"的原则操作。纠偏时或曲线掘进时需要超挖，应合理确定超挖半径与超挖范围，尽可能减少超挖。土压平衡盾构在软弱或松散地层掘进时，盾构外周与周围土体的黏滞阻力或摩擦力较大时，应采取减阻措施
减小盾尾脱出导致地层变形的措施	用同步注浆方式，及时填充尾部空隙；根据地质条件、工程条件等因素，合理选择单液注浆或双液注浆，正确选用注浆材料与配合比，以便及时稳定住拼装好的衬砌结构；加强注浆量与注浆压力控制；及时进行二次注浆
防止衬砌引起变形的措施	为了防止管片环变形，必须使用形状保持装置等来确保管片组装精度，同时充分紧固接头螺栓

3. 地层变形的施工监测项目

地层变形的施工监测项目　　　　　　　　　　　　　　表 1K413030-4

类别	监测项目
必测项目	施工区域地表隆沉、沿线建（构）筑物和地下管线变形
	隧道结构变形
选测项目	岩土体深层水平位移和分层竖向位移
	衬砌环内力
	地层与管片的接触应力

 直击考点　该知识点属于选择题考点，出题时，必测项目与选测项目可互为干扰选项。

1K413040 喷锚暗挖（矿山）法施工

【考点1】喷锚暗挖法的掘进方式选择（☆☆☆）[13、14、19年单选]

1. 全断面开挖法（选择题考点）

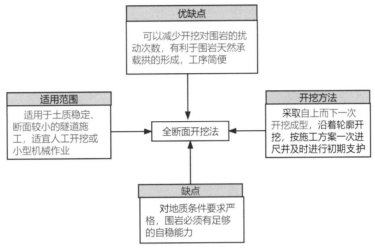

图 1K413040-1　全断面开挖法

该知识点属于选择题考点，可以这样出题：

"（1）关于隧道全断面暗挖法施工的说法，错误的是（　　　）。"

"（2）沿隧道轮廓采取自上而下一次开挖成形，按施工方案一次进尺并及时进行初期支护的方法称为（　　　）。"

2. 台阶开挖法（选择题考点）

◆适用于土质较好的隧道施工，以及软弱围岩、第四纪沉积地层隧道。

◆将结构断面分成两个以上部分，即分成上下两个工作面或几个工作面，分步开挖。

◆优点：具有足够的作业空间和较快的施工速度，灵活多变，适用性强。

◆开挖注意事项：台阶数不宜过多，台阶长度要适当，对城市第四纪地层，台阶长度一般以控制在 $1D$ 内（D 一般指隧道跨度）为宜。对岩石地层，针对破碎地段可配合挂网喷锚支护施工。

图 1K413040-2　台阶开挖法

3. 环形开挖预留核心土法（选择题考点）

环形开挖预留核心土法　　　　　　　　　　　　　　表 1K413040-1

项目	内容
适用范围	适用于一般土质或易坍塌的软弱围岩、断面较大的隧道施工
施工作业流程	用人工或单臂掘进机开挖环形拱部→架立钢支撑→挂钢筋网→喷射混凝土

4．单侧壁导坑法

◆适用于断面跨度大，地表沉降难于控制的软弱松散围岩中隧道施工。
◆一般情况下侧壁导坑宽度不宜超过0.5倍洞宽，高度以到起拱线为宜，这样导坑可分二次开挖和支护，不需要架设工作平台，人工架立钢支撑也较方便。

5．双侧壁导坑法

双侧壁导坑法　　表1K413040-2

项目	内容
适用范围	当隧道跨度很大，地表沉陷要求严格，围岩条件特别差，单侧壁导坑法难以控制围岩变形时采用
施工顺序	开挖一侧导坑，并及时地将其初期支护闭合→相隔适当距离后开挖另一侧导坑，并建造初期支护→开挖上部核心土，建造拱部初期支护，拱脚支承在两侧壁导坑的初期支护上→开挖下台阶，建造底部的初期支护，使初期支护全断面闭合→拆除导坑临空部分的初期支护→施作内层衬砌
优点	每个开挖断面分块都是在开挖后立即各自闭合的，在施工中间变形几乎不发展；施工较为安全
缺点	开挖断面分块多，扰动大，初期支护全断面闭合的时间长；施工速度较慢，成本较高

6．浅埋暗挖法其他施工方法

浅埋暗挖法其他施工方法　　表1K413040-3

施工方法	内容
中隔壁法（CD工法）	主要适用于地层较差、岩体不稳定且地面沉降要求严格的地下工程施工
交叉中隔壁法（CRD工法）	是在CD工法基础上加设临时仰拱以满足要求
中洞法	特点是初期支护自上而下，每一步封闭成环，环环相扣，二次衬砌自下而上施工，施工质量容易得到保证
中洞法、侧洞法、柱洞法、洞桩法	当地层条件差、断面特大时，一般设计成多跨结构，跨与跨之间有梁、柱连接，一般采用中洞法、侧洞法、柱洞法及洞桩法等施工，其核心思想是变大断面为中小断面，提高施工安全度

7．喷锚暗挖（矿山）法开挖方式与选择条件

喷锚暗挖（矿山）法开挖方式与选择条件　　表1K413040-4

施工方法	重要指标比较					
	结构与适用地层	沉降	工期	防水	初期支护拆除量	造价
全断面法	地层好，跨度≤8m	一般	最短	好	无	低

续表

施工方法	重要指标比较					
	结构与适用地层	沉降	工期	防水	初期支护拆除量	造价
正台阶法	地层较差，跨度 ≤ 10m	一般	短	好	无	低
环形开挖预留核心土法	地层差，跨度 ≤ 12m	一般	短	好	无	低
单侧壁导坑法	地层差，跨度 ≤ 14m	较大	较短	好	小	低
双侧壁导坑法	小跨度，连续使用可扩大跨度	较大	长	效果差	大	高
中隔壁法（CD 工法）	地层差，跨度 ≤ 18m	较大	较短	好	小	偏高
交叉中隔壁法（CRD 工法）	地层差，跨度 ≤ 20m	较小	长	好	大	高
中洞法	小跨度，连续使用可扩成大跨度	小	长	效果差	大	较高
侧洞法	小跨度，连续使用可扩成大跨度	大	长	效果差	大	高
柱洞法	多层多跨	大	长	效果差	大	高
洞桩法	多层多跨	较大	长	效果差	较大	高

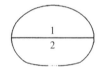   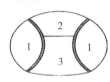 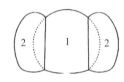

正台阶法　　　环形开挖预留　　单侧壁导坑法　　双侧壁导坑法　　交叉中隔壁法　　　中洞法
　　　　　　　核心土法

图 1K413040-3　喷锚暗挖（矿山）法开挖方式示意图

 该知识点一般考查选择题，上表直接记忆即可。考查时可以这样出题：

"（1）采用喷锚暗挖法施工多层多跨结构隧道时，宜采用的施工方法为（　　）。"

"（2）下列喷锚暗挖掘进方式中，结构防水效果差的是（　　）。"

"（3）下列喷锚暗挖开挖方式中，防水效果较差的是（　　）。"

【考点 2】工作井施工技术（☆☆☆）

1. 工作井施工技术

工作井施工技术　　　　　　　　　　　　　　　　表 1K413040-5

项目	内容
锁口圈梁	（1）圈梁混凝土强度应达到设计强度的 70% 及以上时，方可向下开挖竖井。 （2）锁口圈梁与格栅应按设计要求进行连接，井壁不得出现脱落
竖井开挖与支护	（1）应对称、分层、分块开挖，每层开挖高度不得大于设计规定，随挖随支护；每一分层的开挖，宜遵循先开挖周边、后开挖中部的顺序。 （2）初期支护应尽快封闭成环，按设计要求做好格栅钢架的竖向连接及采取防止井壁下沉的措施。 （3）喷射混凝土的强度和厚度等应符合设计要求。喷射混凝土应密实、平整，不得出现裂缝、脱落、漏喷、露筋、空鼓和渗漏水等现象

【考点 3】超前预支护及预加固施工技术（☆☆☆）[16 年案例]

1. 地层超前预支护及预加固措施

> ◆（1）超前小导管注浆加固；（2）深孔注浆；（3）管棚支护。

2. 超前小导管注浆加固

图 1K413040-4　超前小导管注浆加固

　此处内容在 2016 年考查了案例简答题："根据背景资料，小导管长度应该大于多少米？两排小导管纵向搭接长度一般不小于多少米"？

3. 深孔注浆加固技术

> ◆注浆段长度应综合考虑地层条件、地下水状态和钻孔设备的工作能力予以确定，宜为 10 ~ 15m，并应预留一定的止浆墙厚度。
> ◆浆液的材料和类型应综合考虑土质条件、注浆要求、地下水状况、周围环境条件及效果要求等因素；且应经现场试验确定。
> ◆隧道内注浆孔应按设计要求采取全断面、半断面等方式布设，并应满足加固范围的要求。
> ◆钻孔应按先外圈、后内圈、跳孔施工的顺序进行。
> ◆注浆结束后，施工单位应做注浆效果检查，经检查确认注浆效果符合要求后方可开挖。

4. 管棚支护

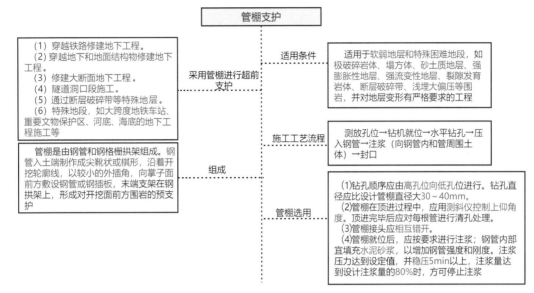

图 1K413040-5　管棚支护

 此处内容过去的考试年份中主要考查选择题，直接记忆。可以这样出题：

"（1）关于管棚施工的说法，正确的是（　　　）。"

"（2）浅埋暗挖法施工时，如果处于砂砾地层，并穿越既有铁路，宜采用的辅助施工方法是（　　　）。"

【考点4】喷锚支护施工技术（☆☆☆）

1. 喷锚支护施工的主要材料（选择题考点）

◆喷射混凝土应采用早强混凝土，其强度必须符合设计要求。严禁选用具有碱活性的集料。速凝剂使用前应做凝结时间试验，要求初凝时间不应大于5min，终凝时间不应大于10min。

◆钢筋网材料宜采用Q235钢，钢筋直径宜为6～12mm，网格尺寸宜采用150～300mm。

2. 喷锚支护施工的喷射混凝土（选择题考点）

◆喷射机作业时，喷头处的风压不得小于0.1MPa。

◆喷射时，应用高压风清理受喷面、施工缝，剔除疏松部分；喷头与受喷面应垂直，距离宜为0.6～1.0m。

◆喷射混凝土应分段、分片、分层自下而上依次进行。分层喷射时，后一层喷射应在前一层混凝土终凝后进行。

◆喷射混凝土时，应先喷格栅拱架与围岩间的混凝土，之后喷射拱架间的混凝土。严禁使用回弹料。

◆在遇水的地段进行喷射混凝土作业时，应先对渗漏水处理后再喷射，并应从远离漏渗水处开始，逐渐向渗漏处逼近。

【考点5】衬砌及防水施工要求（☆☆☆）[15年单选]

1. 防水结构施工原则

	防水结构施工原则 表 1K413040-6
项目	内容
规定	（1）地下工程防水的设计和施工应遵循"防、排、截、堵相结合，刚柔相济，因地制宜，综合治理"的原则。 （2）防水设计原则：以防为主，刚柔结合，多道防线，因地制宜，综合治理
复合式衬砌与防水体系	（1）喷锚暗挖（矿山）法施工隧道通常采用复合式衬砌设计，衬砌结构组成：初期（一次）支护＋防水层＋二次衬砌。 （2）喷锚暗挖（矿山）法施工隧道的复合式衬砌，以结构自防水为根本，辅以防水层组成防水体系，以变形缝、施工缝、后浇带、穿墙洞、预埋件、桩头等接缝部位混凝土及防水层施工为防水控制的重点

2. 复合式衬砌防水层施工

◆复合式衬砌防水层施工应优先选用射钉铺设。
◆防水层施工时喷射混凝土表面应平顺，不得留有锚杆头或钢筋断头，表面漏水应及时引排，防水层接头应擦净。
◆二次衬砌混凝土施工（选择题考点）：
（1）二次衬砌采用补偿收缩混凝土。
（2）二次衬砌混凝土浇筑应采用组合钢模板和模板台车两种模板体系。
（3）混凝土浇筑采用泵送模筑，两侧边墙采用插入式振动器振捣，底部采用附着式振动器振捣。混凝土浇筑应连续进行，两侧对称，水平浇筑，不得出现水平和倾斜接缝。

 该知识点在2015年考查了单选题，是这样出题的："关于喷锚暗挖法二衬混凝土施工的说法，错误的是（　　）"。

【考点6】喷锚暗挖法辅助工法施工技术要点（☆☆☆）

 本考点教材篇幅内容不多，且在历年考试中涉及的考核点较少，考生只需掌握下述内容，其余内容在第一遍复习教材内容时浏览一遍即可。

1. 地表锚杆（管）、冻结法固结地层

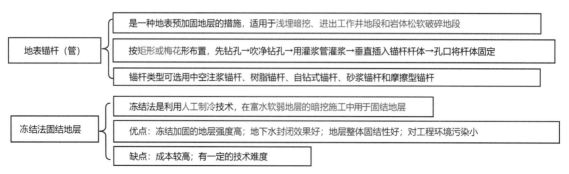

图 1K413040-6　地表锚杆（管）、冻结法固结地层

1K414000 城市给水排水工程

1K414010 给水排水厂站工程结构与特点

【考点1】厂站工程结构与施工方法（☆☆☆☆☆）
[13、14、15、17、18、20、22年单选，19年多选，22年案例]

1. 给水排水场站构筑物组成（选择题考点）

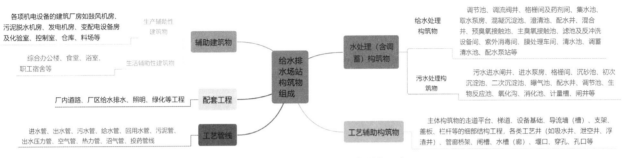

图 1K414010-1 给水排水场站构筑物组成

（1）该知识点在近几年考试中均考查选择题，考生直接记忆即可。可以这样出题：
"1）下列场站水处理构筑物中，属于给水处理构筑物的有（　　　）。"
"2）下列场站构筑物组成中，属于污水构筑物的是（　　　）。"
"3）下列给水排水构筑物中，属于调蓄构筑物的是（　　　）。"
（2）需熟悉的法规：《给水排水构筑物工程施工及验收规范》GB 50141—2008。

调节池

清水池

格栅间

氧化沟

图 1K414010-2 给水排水场站构筑物

2. 清水池断面示意图

案例识图分析题是案例实操题的典型考核形式。因此，左图中，A为中埋式橡胶止水带，用在变形缝中，是构筑物分块浇筑施工的依据；B为金属止水板，用在施工缝中，是构筑物分层浇筑施工的依据。

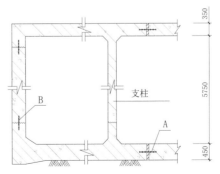

图 1K414010-3 清水池断面示意图（单位：mm）

3. 给水排水场站构筑物结构形式与特点

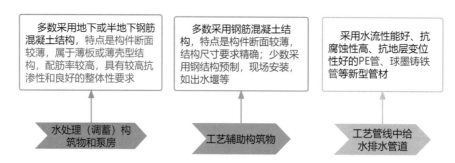

图 1K414010-4　给水排水场站构筑物结构形式与特点

该知识点属于选择题考点，可以这样出题：

"（1）关于水处理构筑物特点的说法中，错误的是（　　）。"

"（2）现浇施工水处理构筑物的构造特点有（　　）。"

4. 场站工程全现浇混凝土施工

图 1K414010-5　场站工程全现浇混凝土施工

此处内容在近几年考试中一般考查选择题，可以这样出题：

"（1）给水排水场站中，通常采用无粘结预应力筋、曲面异型大模板的构筑物是（　　）。"

"（2）钢筋混凝土结构外表面需设保温层和饰面层的水处理构筑物是（　　）。"

5. 场站工程单元组合现浇混凝土施工（案例题考点）

场站工程单元组合现浇混凝土施工　　　　　　　　　　　　表 1K414010-1

项目	施工要点
圆形储水池	池体由若干块厚扇形底板单元和若干块倒 T 形壁板单元组成，一般不设顶板。单元一次性浇筑而成，底板单元间用聚氯乙烯胶泥嵌缝，壁板单元间用橡胶止水带接缝。这种单元组合结构可有效防止池体出现裂缝渗漏
大型矩形水池	设计通常采用单元组合结构将水池分块（单元）浇筑。各块（单元）间留设后浇缝带，池体钢筋按设计要求一次绑扎好，缝带处不切断，待块（单元）养护 42d 后，再采用比块（单元）强度高一个等级的混凝土或掺加 UEA 补偿收缩混凝土灌注后浇缝带且养护时间不应低于 14d，使其连成整体

续表

项目	施工要点
膨胀加强带 该知识点在 2022 年考查了案例简答题："写出能够保证工期质量的措施和后浇带部位工艺名称与混凝土的强度。"	（1）膨胀加强带是通过在结构预设的后浇带部位浇筑补偿收缩混凝土，减少或取消后浇带和伸缩缝、延长构件连续浇筑长度的一种技术措施，可分为连续式、间歇式和后浇式三种。连续式膨胀加强带是指膨胀加强带部位的混凝土与两侧相邻混凝土同时浇筑；间歇式膨胀加强带是指膨胀加强带部位的混凝土与三侧相邻的混凝土同时浇筑，而另一侧是施工缝；后浇式膨胀加强带与常规后浇带的浇筑方式相同。当采用连续式膨胀加强带工艺时，可大大缩短工期。 （2）用于后浇带、膨胀加强带部位的补偿收缩混凝土的设计强度等级应比两侧混凝土提高一个等级，其限制膨胀率不小于 0.025%

6. 场站工程预制拼装施工

◆圆形水池可采用缠绕预应力钢丝法、电热张拉法进行壁板环向预应力施工。
◆预制拼装施工的圆形水池在满水试验合格后，在池内满水条件下应及时进行喷射水泥砂浆保护层施工。喷浆层的厚度要满足预应力钢筋的净保护层厚度且不应小于 20mm。

7. 场站工程预制沉井施工（选择题考点）

◆钢筋混凝土结构泵房、机房通常采用半地下式或完全地下式结构，在有地下水、流沙、软土地层的条件下，应选择预制沉井法施工。
◆预制沉井法施工通常采取排水下沉干式沉井方法和不排水下沉湿式沉井方法。前者适用于渗水量不大，稳定的黏性土；后者适用于比较深的沉井或有严重流砂的情况。排水下沉分为人工挖土下沉、机具挖土下沉、水力机具下沉。不排水下沉分为水下抓土下沉、水下水力吸泥下沉、空气吸泥下沉。

该知识点内容在近几年考试中均考查选择题，直接记忆即可。可以这样出题：
"（1）在渗水量不大、稳定的黏土层中，深 5m、直径 2m 的圆形沉井宜采用（　　　）。"
"（2）下列土质中，适用于预制沉井排水下沉的是（　　　）。"

【考点2】给水与污水处理工艺流程（☆☆☆☆☆）
[18、19 年单选，14、18、21、22 年多选，19 年案例]

1. 给水处理方法与工艺

◆水中含有的杂质，分为无机物、有机物和微生物三种，也可按杂质的颗粒大小以及存在形态分为悬浮物质、胶体和溶解物质三种。
◆处理目的是去除或降低原水中悬浮物质、胶体、有害细菌生物以及水中含有的其他有害杂质，使处理后的水质满足用户需求。

2. 常用的给水处理方法

常用的给水处理方法　　　　　　　　　　　　　　　　表 1K414010-2

给水处理工艺	目的
自然沉淀	用以去除水中粗大颗粒杂质
混凝沉淀	使用混凝药剂沉淀或澄清去除水中胶体和悬浮杂质等
过滤	使水通过细孔性滤料层，截流去除经沉淀或澄清后剩余的细微杂质，或不经过沉淀，原水直接加药、混凝、过滤去除水中胶体和悬浮杂质
消毒	去除水中病毒和细菌，保证饮水卫生和生产用水安全
软化	降低水中钙、镁离子含量，使硬水软化
除铁除锰	去除地下水中所含过量的铁和锰，使水质符合饮用水要求

 该知识点内容在近几年考试中均考查选择题，直接记忆即可。可以这样出题：

"（1）常用的给水处理工艺有（　　　）。"

"（2）给水处理工艺流程的混凝沉淀是为了去除水中的（　　　）。"

3. 常用的给水处理方法

常用的给水处理方法　　　　　　　　　　　　　　　　表 1K414010-3

工艺流程	适用条件
原水→简单处理（如筛网隔滤或消毒）	水质较好
原水→接触过滤→消毒	一般用于处理浊度和色度较低的湖泊水和水库水，进水悬浮物一般小于 100mg/L，水质稳定、变化小且无藻类繁殖
原水→混凝→沉淀或澄清→过滤→消毒	一般地表水处理厂广泛采用的常规处理流程，适用于浊度小于 3mg/L 的河流水。河流、小溪水浊度通常较低，洪水时含沙量大，可采用此流程对低浊度无污染的水不加凝聚剂或跨越沉淀直接过滤
原水→调蓄预沉→混凝→沉淀或澄清→过滤→消毒	高浊度水二级沉淀，适用于含沙量大，沙峰持续时间长，预沉后原水含沙量应降低到 1000mg/L 以下，黄河中上游的中小型水厂和长江上游高浊度水处理多采用二级沉淀（澄清）工艺，适用于中小型水厂，有时在滤池后建造清水调蓄池

 该知识点在 2009 年、2010 年、2011 年、2018 年考查了单选题，属于选择题考点，在理解的基础上记忆。考核形式有：

"（1）当水质条件为水库水，悬浮物含量小于 100mg/L 时，应采用的水处理工艺流程是（　　　）。"

"（2）原水水质较好时，城镇给水处理应采用的工艺流程为（　　　）。"

"（3）一般地表水处理厂采用的常规处理流程为（　　　）。"

"（4）对浊度小于 3mg/L 的河水，一般给水处理厂广泛采用的常规处理流程是（　　　）。"

4. 给水处理的预处理和深度处理

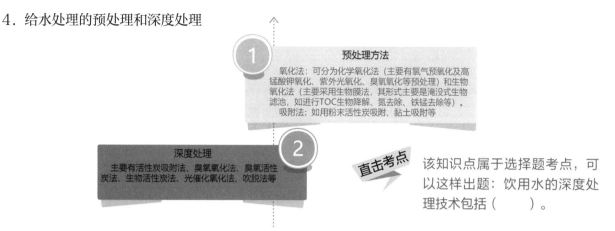

① 预处理方法
氧化法：可分为化学氧化法（主要有氯气预氧化及高锰酸钾氧化、紫外光氧化、臭氧氧化等预处理）和生物氧化法（主要采用生物膜法，其形式主要是淹没式生物滤池，如进行TOC生物降解、氮去除、铁锰去除等）。
吸附法：如用粉末活性炭吸附、黏土吸附等

② 深度处理
主要有活性炭吸附法、臭氧氧化法、臭氧活性炭法、生物活性炭、光催化氧化法、吹脱法等

直击考点 该知识点属于选择题考点，可以这样出题：饮用水的深度处理技术包括（　　）。

图 1K414010-6　给水处理的预处理和深度处理

5. 污水处理方法与工艺

◆处理目的是将输送来的污水通过必要的处理方法，使之达到国家规定的水质控制标准后回用或排放。
◆处理方法可根据水质类型分为物理处理法、生物处理法、污水处理产生的污泥处置及化学处理法，还可根据处理程度分为一级处理、二级处理及三级处理等工艺流程。

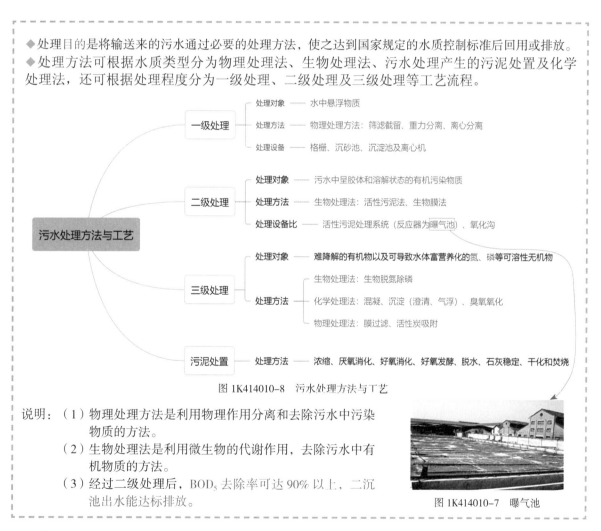

污水处理方法与工艺

一级处理
- 处理对象 —— 水中悬浮物质
- 处理方法 —— 物理处理方法：筛滤截留、重力分离、离心分离
- 处理设备 —— 格栅、沉砂池、沉淀池及离心机

二级处理
- 处理对象 —— 污水中呈胶体和溶解状态的有机污染物质
- 处理方法 —— 生物处理法：活性污泥法、生物膜法
- 处理设备比 —— 活性污泥处理系统（反应器为曝气池）、氧化沟

三级处理
- 处理对象 —— 难降解的有机物以及可导致水体富营养化的氮、磷等可溶性无机物
- 处理方法 ——
  - 生物处理法：生物脱氮除磷
  - 化学处理法：混凝、沉淀（澄清、气浮）、臭氧氧化
  - 物理处理法：膜过滤、活性炭吸附

污泥处置
- 处理方法 —— 浓缩、厌氧消化、好氧消化、好氧发酵、脱水、石灰稳定、干化和焚烧

图 1K414010-8　污水处理方法与工艺

说明：（1）物理处理方法是利用物理作用分离和去除污水中污染物质的方法。
　　　（2）生物处理法是利用微生物的代谢作用，去除污水中有机物质的方法。
　　　（3）经过二级处理后，BOD_5 去除率可达 90% 以上，二沉池出水能达标排放。

图 1K414010-7　曝气池

直击考点 此处内容属于选择题考点，可以这样出题：
"（1）城市污水处理方法与工艺中，属于化学处理法的是（　　）。"
"（2）关于污水处理氧化沟的说法，正确的有（　　）。"

6. 氧化沟系统平面示意图

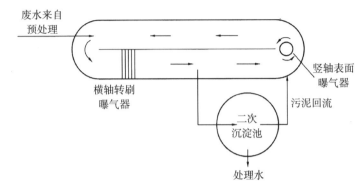

图 1K414010-9　氧化沟系统平面示意图

补充知识点

污水处理氧化沟
- 氧化沟是传统活性污泥法的一种改型，污水和活性污泥混合液在其中循环流动，动力来自于转刷与水下推进器。一般不需要设置初沉池，并且经常采用延时曝气。
- 氧化沟一般呈环状沟渠形，其平面可为圆形或椭圆形或与长方形的组合状。主要构成有氧化沟沟体、曝气装置、进出水装置、导流装置。传统的氧化沟具有延时曝气活性污泥法的特点。

【考点3】给水与污水处理厂试运行（☆☆☆）[17、21年单选]

1. 给水与污水处理厂试运行主要内容与程序

给水与污水处理厂试运行主要内容与程序　　　　　　表 1K414010-4

项目	内容
试运行时间	给水与污水处理构筑物土建工程和设备、电气安装、试验、验收完成后，正式运行前必须进行全厂试运行
主要内容	（1）检验、试验和监视运行，设备首次启动，以试验为主，通过试验掌握运行性能。 （2）按规定全面详细记录试验情况，整理成技术资料。 （3）正确评估试运行资料、质量检查和鉴定资料等，并建立档案
基本程序（选择题考点） 口诀助记　"自负单空冲。"	（1）单机试车。 （2）设备机组充水试验。 （3）设备机组空载试运行。 （4）设备机组负荷试运行。 （5）设备机组自动开停机试运行
试运行内容（选择题考点）	单机试车；联机运行；设备及泵站空载运行；设备及泵站负荷运行；连续试运行

直击考点 上述内容一般考查选择题，可以这样出题：

"（1）给水与污水处理厂试运行内容不包括（　　）。"

"（2）污水处理厂试运行程序有：①单机试车；②设备机组空载试运行；③设备机组充水试验；④设备机组自动开停机试运行；⑤设备机组负荷试运行。正确的试运行流程是（　　）。"

1K414020 给水排水厂站工程施工

【考点1】现浇（预应力）混凝土水池施工技术（☆☆☆☆☆）
[21、22年单选，20、15年多选，18、20、22年案例]

1. 现浇（预应力）混凝土水池施工流程

直击考点　此处内容在2018年考查了案例补充题，直接记忆即可。

现浇（预应力）混凝土水池施工流程	整体式现浇钢筋混凝土池体结构施工流程	测量定位→土方开挖及地基处理→垫层施工→防水层施工→底板浇筑→池壁及柱浇筑→顶板浇筑→功能性试验
	单元组合式现浇钢筋混凝土水池工艺流程	土方开挖及地基处理→中心支柱浇筑→池底防渗层施工→浇筑池底混凝土垫层→池内防水层施工→池壁分块浇筑→底板分块浇筑→底板嵌缝→池壁防水层施工→功能性试验

图 1K414020-1　现浇（预应力）混凝土水池施工流程

2. 现浇（预应力）混凝土水池模板、支架施工（案例题考点）

◆采用穿墙螺栓（也称为对拉螺栓）来平衡混凝土浇筑对模板侧压力时，应选用两端能拆卸的螺栓或在拆模板时可拔出的螺栓，并应符合下列规定：

（1）两端能拆卸的螺栓中部应加焊止水环，止水环不宜采用圆形，且与螺栓满焊牢固。

（2）在池壁形成的螺栓锥形槽，应采用无收缩、易密实、具有足够强度、与池壁混凝土颜色一致或接近的材料封堵，封堵完毕的穿墙螺栓孔不得有收缩裂缝和湿渍现象。

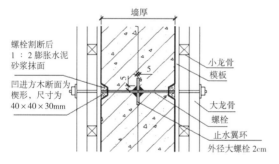

螺栓割断后
1:2膨胀水泥
砂浆抹面
凹进方木断面为楔形，尺寸为
40×40×30mm

小龙骨
模板
大龙骨
螺栓
止水翼环
外径大螺栓2cm

墙厚

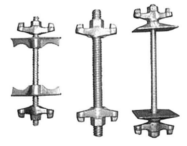

图 1K414020-2　对拉螺栓构造图　　　图 1K414020-3　对拉螺栓

直击考点　此处内容在2018年考查了案例简答题："封堵材料应满足什么技术要求？"

对跨度不小于4m的现浇钢筋混凝土梁、板，其模板应按设计要求起拱；设计无具体要求时，起拱高度宜为跨度的1/1000～3/1000。

◆池壁模板施工时，应设置确保墙体直顺和防止浇筑混凝土时模板倾覆的装置。

◆池壁与顶板连续施工时，池壁内模立柱不得同时作为顶板模板立柱。顶板支架的斜杆或横向连杆不得与池壁模板的杆件相连接。池壁模板可先安装一侧，绑完钢筋后，分层安装另一侧模板，或采用一次安装到顶而分层预留操作窗口的施工方法。

3．现浇（预应力）混凝土水池的止水带安装（案例题考点）

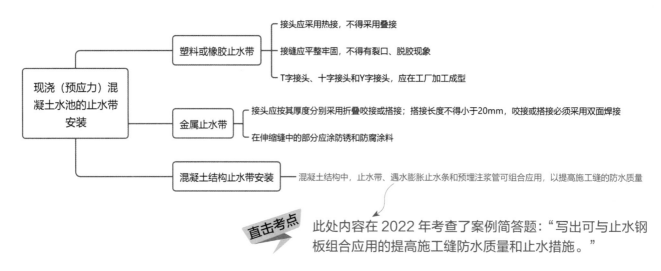

图 1K414020-4　现浇（预应力）混凝土水池的止水带安装

4．现浇（预应力）混凝土水池的施工缝设置

◆构筑物池壁的施工缝设置应符合设计要求，设计无要求时，应符合下列规定：
（1）池壁与底部相接处的施工缝，宜留在底板上面不小于 200mm 处；底板与池壁连接有腋角时，宜留在腋角上面不小于 200mm 处。
（2）池壁为顶部相接处的施工缝，宜留在顶板下面不小于 200mm 处；有腋角时，宜留在腋角下部。
（3）构筑物处地下水位或设计运行水位高于底板顶面 8m 时，施工缝处宜设置高度不小于 200mm、厚度不小于 3mm 的止水钢板。

5．现浇（预应力）混凝土水池的钢筋施工

◆根据设计保护层厚度、钢筋级别、直径、锚固长度、绑扎及焊接长度、弯钩要求确定下料长度并编制钢筋下料表。

 此处内容在 2009 年考查了选择题，是这样出题的："确定钢筋下料长度，应考虑（　　）等因素。"

◆钢筋连接的方式：根据钢筋直径、钢材、现场条件确定钢筋连接的方式。主要采取机械连接、绑扎、焊接方式。
◆钢筋安装质量检验应在模板支架或混凝土浇筑之前对安装完毕的钢筋进行隐蔽验收。

6. 现浇（预应力）混凝土水池的无粘结预应力施工（选择题考点）

现浇（预应力）混凝土水池的无粘结预应力施工　　　　表 1K414020-1

项目	内容
无粘结预应力筋技术要求	预应力筋外包层材料，应采用聚乙烯或聚丙烯，严禁使用聚氯乙烯；预应力筋涂料层应采用专用防腐油脂
施工工艺流程 **直击考点** 此处内容在 2015 年考查了选择题，是这样出题的："下列施工工序中，属于无粘结预应力施工工序的有（　　）。"	钢筋施工→安装内模板→铺设非预应力筋→安装托架筋、承压板、螺旋筋→铺设无粘结预应力筋→外模板→混凝土浇筑→混凝土养护→拆模及锚固肋混凝土凿毛→割断外露塑料套管并清理油脂→安装锚具→安装千斤顶→同步加压→量测→回油撤泵→锁定→切断无粘结筋（留 100mm）→锚具及钢绞线防腐→封锚混凝土
无粘结预应力筋布置安装 **直击考点** 此处内容在 2020 年、2021 年考查了选择题，在理解的基础上记忆。可以这样出题："关于预应力混凝土水池无粘结预应力筋布置安装的说法，正确的是（　　）。"	（1）锚固肋数量和布置，应符合设计要求；设计无要求时，张拉段无粘结预应力筋长度不超过 50m 且锚固肋数量为双数。 （2）安装时，上下相邻两环无粘结预应力筋锚固位置应错开一个锚固肋；应以锚固肋数量的一半为无粘结预应力筋分段（张拉段）数量；每段无粘结预应力筋的计算长度应加入一个锚固肋宽度及两端张拉工作长度和锚具长度。 （3）应在浇筑混凝土前安装、放置；浇筑混凝土时，不得踏压、撞碰无粘结预应力筋、支撑架及端部预埋件。 （4）无粘结预应力筋不应有死弯，有死弯时应切断。 （5）无粘结预应力筋中严禁有接头
无粘结预应力张拉	（1）张拉段无粘结预应力筋长度小于 25m 时，宜采用一端张拉；张拉段无粘结预应力筋长度大于 25m 而小于 50m 时，宜采用两端张拉；张拉段无粘结预应力筋长度大于 50m 时，宜采用分段张拉和锚固。 （2）安装张拉设备时，对直线的无粘结预应力筋，应使张拉力的作用线与预应力筋中心重合；对曲线的无粘结预应力筋，应使张拉力的作用线与预应力筋中心线末端重合。 （3）无粘结预应力筋张拉时，混凝土同条件立方体试块抗压强度应满足设计要求；当设计无具体要求时，不应低于设计混凝土强度等级值的75%
封锚要求	（1）凸出式锚固端锚具的保护层厚度不应小于 50mm。 （2）外露预应力筋的保护层厚度不应小于 50mm。 （3）封锚混凝土强度等级不得低于相应结构混凝土强度等级，且不得低于 C40

直击考点　该部分内容一般考查选择题，还属于高频考点，并且可考点较多，在理解的基础上记忆。

7．现浇（预应力）混凝土水池的混凝土施工

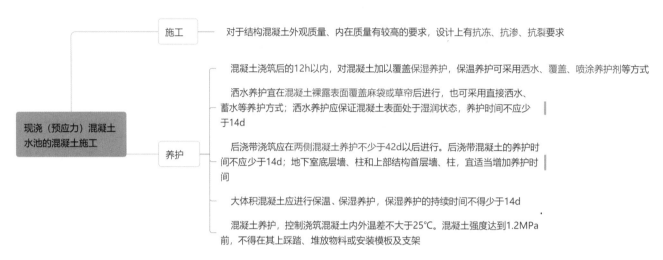

图 1K414020-5　现浇（预应力）混凝土水池的混凝土施工

 该部分内容在 2017 考查了案例分析题、案例简答题："监理工程师为何要求整改混凝土养护工作？简述养护的技术要求。"

8．现浇（预应力）混凝土水池的模板及支架拆除（案例题考点）

◆模板时，侧模板应在混凝土强度能保证其表面及棱角不因拆除模板而受损坏时，方可拆除；其他模板应在与结构同条件养护的混凝土试块达到下表规定强度时，方可拆除。

整体现浇混凝土模板拆模时所需混凝土强度　　　　表 1K414020-2

序号	构件类型	构件跨度 L（m）	达到设计的混凝土立方体抗压强度标准值的百分率（%）
1	板	≤ 2	≥ 50
		2 < L ≤ 8	≥ 75
		> 8	≥ 100
2	梁、拱、壳	≤ 8	≥ 75
		> 8	≥ 100
3	悬臂构件	—	≥ 100

 此处内容在 2020 年考查了案例分析判断题："项目部拆除顶板支架时混凝土强度应满足什么要求？请说明理由。"

◆同条件养护试件的养护条件应与实体结构部位养护条件相同。

【考点2】装配式预应力混凝土水池施工技术（☆☆☆）[18年单选，15年多选]

1. 预制构件安装

◆预制构件应按设计位置起吊，曲梁宜采用三点吊装。吊绳与预制构件平面的交角不应小于45°；当小于45°时，应进行强度验算。预制构件安装就位后，应采取临时固定措施。曲梁应在梁的跨中临时支撑，待上部二期混凝土达到设计强度的75%及以上时，方可拆除支撑。安装的构件，必须在轴线位置及高程进行校正后焊接或浇筑接头混凝土。

◆池壁板安装应垂直、稳固，相邻板湿接缝及杯口填充部位混凝土应密实。

 该知识点一般考查选择题，直接记忆。考查形式有：

"（1）关于装配式预应力混凝土水池预制构件安装的说法，正确的是（　　　）。"

"（2）装配式预应力混凝土水池吊装中，当预制构件平面与吊绳的交角小于（　　　）时，应对构件进行强度验算。"

2. 现浇壁板缝混凝土

◆壁板接缝的内模宜一次安装到顶；外模应分段随浇随支。分段支模高度不宜超过1.5m。

◆浇筑前，接缝的壁板表面应洒水保持湿润，模内应洁净；接缝的混凝土强度应符合设计规定，设计无要求时，应比壁板混凝土强度提高一级。

◆浇筑时间应根据气温和混凝土温度选在壁板间缝宽较大时进行；混凝土如有离析现象，应进行二次拌合；混凝土分层浇筑厚度不宜超过250mm，并应采用机械振捣，配合人工捣固。

◆用于接头或拼缝的混凝土或砂浆，宜采取微膨胀和快速水泥，在浇筑过程中应振捣密实并采取必要的养护措施。

 该部分内容在2012年、2015年均考查了选择题，直接记忆。可以这样出题："关于预制拼装给水排水构筑物现浇板缝施工说法，正确的有（　　　）。"

【考点3】构筑物满水试验的规定（☆☆☆☆）[13、21年多选，15、17、20年案例]

1. 构筑物满水试验必备条件与准备工作

构筑物满水试验必备条件与准备工作　　　　　　　　　　表 1K414020-3

项目	内容
满水试验前必备条件	（1）池体的混凝土或砖、石砌体的砂浆已达到设计强度要求；池内清理洁净，池内外缺陷修补完毕。 （2）现浇钢筋混凝土池体的防水层、防腐层施工之前；装配式预应力混凝土池体施加预应力且锚固端封锚以后，保护层喷涂之前；砖砌池体防水层施工以后，石砌池体勾缝以后。 （3）设计预留孔洞、预埋管口及进出水口等已做临时封堵，且经验算能安全承受试验压力。 （4）池体抗浮稳定性满足设计要求。 （5）试验用的充水、充气和排水系统已准备就绪，经检查充水、充气及排水闸门不得渗漏。 （6）各项保证试验安全的措施已满足要求；满足设计的其他特殊要求。 （7）试验所需的各种仪器设备应为合格产品，并经具有合法资质的相关部门检验合格

项目	内容
满水试验准备工作	（1）准备现场测定蒸发量的设备。一般采用严密不渗，直径500mm、高300mm的敞口钢板水箱，并设水位测针，注水深200mm。将水箱固定在水池中。 （2）对池体有观测沉降要求时，应选定观测点，并测量记录池体各观测点初始高程

此处内容在2013年、2021年考查了选择题，在2020年考查了案例分析题："请说明监理工程师制止项目部施工的理由"、案例简答题："满水试验前，需要对哪个部位进行压力验算？水池注水过程中，项目部应关注哪些易渗漏水部位"、案例补充题："除了对水位观测外，还应进行哪个项目观测"，因此要在理解的基础上记忆。

2．构筑物满水试验流程、要求

试验流程

试验准备→水池注水→水池内水位观测→蒸发量测定→整理试验结论

池内注水

（1）向池内注水宜分3次进行，每次注水为设计水深的1/3。对大、中型池体，可先注水至池壁底部施工缝以上，检查底板抗渗质量，当无明显渗漏时，再继续注水至第一次注水深度。

（2）注水时水位上升速度不宜超过2m/d。相邻两次注水的间隔时间不应小于24h。

（3）每次注水宜测读24h的水位下降值，计算渗水量，在注水过程中和注水以后，应对池体作外观检查。当发现渗水量过大时，应停止注水。待做出妥善处理后方可继续注水

水位观测

（1）注水至设计水深进行水量测定时，应采用水位测针测定水位。水位测针的读数精确度应达1/10mm。

（2）注水至设计水深24h后，开始测读水位测针的初读数。

（3）测读水位的初读数与末读数之间的间隔时间应不少于24h。

（4）测定时间必须连续。测定的渗水量符合标准时，须连续测定两次以上；测定的渗水量超过允许标准，而以后的渗水量逐渐减少时，可继续延长观测

蒸发量测定

（1）池体有盖时可不测，蒸发量忽略不计。

（2）池体无盖时，须做蒸发量测定。

（3）每次测定水池中水位时，同时测定水箱中蒸发量水位

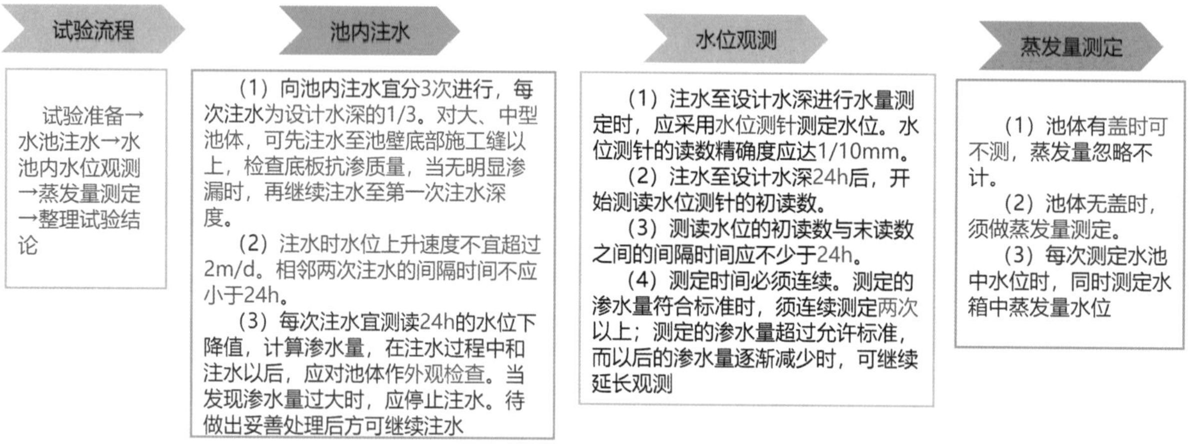

图1K414020-6　构筑物满水试验流程、要求

上述内容考查过选择题，案例题，要在理解的基础上记忆。考查过的案例考核形式有：

（1）2015年考查了案例计算题："配水井满水试验至少应分几次？分别列出每次充水高度。"

（2）2017年考查了案例计算题："写出满水试验时混凝沉淀池的注水次数和高度。"

（3）2020年考查了案例简答题："请说明满水试验水位观测时，水位测针的初读数与末读数的测读时间。"

3．满水试验标准（案例题考点）

◆水池渗水量计算，按池壁（不含内隔墙）和池底的浸湿面积计算。

◆渗水量合格标准：钢筋混凝土结构水池不得超过2L/（m²·d）；砌体结构水池不得超过3L/（m²·d）。

上述内容在2020年考查了案例计算题，上述内容理解并记忆。

【考点4】沉井施工技术（☆☆☆☆☆）
[13、14、16、18、19、20年单选，17、18、19、22年案例]

1. 沉井构造

◆ 沉井的组成部分包括井筒、刃脚、隔墙、梁、底板，如下图所示。

◆ 井筒：即沉井的井壁，是沉井的主要组成部分，它作为地下构筑物的围护结构和基础，要有足够的强度，其内部空间可充分利用。井筒是靠其自重或外力克服筒壁周围的土的摩阻力而下沉。井筒一般用钢筋混凝土、砌砖或钢材等材料制成。

◆ 刃脚：刃脚在沉井井筒的下部，形状为内刃环刀，其作用是使井筒下沉时减少井壁下端切土的阻力，并便于操作人员挖掘靠近沉井刃脚外壁的土体。当沉井在坚硬土层中下沉时，刃脚踏面的底宽宜取150mm；为防止脚踏面受到损坏，可用角钢加固；当采用爆破法清除刃脚下的障碍物时，要在刃脚的外缘用钢板包住，以达到加固的目的，如下图所示。

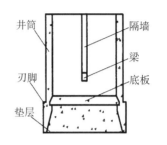

图 1K414020-7　沉井构造示意图

图 1K414020-8　刃脚加固构造图

 此处内容在2019年考查了案例分析判断题。

2. 沉井准备工作（案例题考点）

沉井准备工作　　　　　　　　　　　　　　　　表 1K414020-4

项目	内容
基坑准备	地下水位应控制在沉井基坑以下0.5m，基坑内的水应及时排除；采用沉井筑岛法制作时，岛面标高应比施工期最高水位高出0.5m以上
地基与垫层施工	（1）制作沉井的地基应具有足够的承载力，地基承载力不能满足沉井制作阶段的荷载时，应按设计进行地基加固。 （2）刃脚的垫层采用砂垫层上铺垫木或素混凝土方式，且应满足下列要求：素混凝土垫层的厚度还应便于沉井下沉前凿除；砂垫层分布在刃脚中心线的两侧范围，应考虑方便抽除垫木；砂垫层宜采用中粗砂，并应分层铺设、分层夯实；垫木铺设应使刃脚底面在同一水平面上，并符合设计起沉标高的要求；平面布置要均匀对称，每根垫木的长度中心应与刃脚底面中心线重合，定位垫木的布置应使沉井有对称的着力点

3. 沉井预制（理解+记忆）

◆混凝土应对称、均匀、水平连续分层浇筑，并应防止沉井偏斜。
◆分节制作沉井：
（1）每节制作高度应符合施工方案要求且第一节制作高度必须高于刃脚部分；井内设有底梁或支撑梁时应与刃脚部分整体浇捣。
（2）设计无要求时，混凝土强度应达到设计强度等级 75% 后，方可拆除模板或浇筑后节混凝土。
（3）混凝土施工缝处理应采用凹凸缝或设置钢板止水带，施工缝应凿毛并清理干净；内外模板采用对拉螺栓固定时，其对拉螺栓的中间应设置防渗止水片；钢筋密集部位和预留孔底部应辅以人工振捣，保证结构密实。
（4）沉井每次接高时各部位的轴线位置应一致、重合，及时做好沉降和位移监测；必要时应对刃脚地基承载力进行验算，并采取相应措施确保地基及结构的稳定。
（5）分节制作、分次下沉的沉井，前次下沉后进行后续接高施工。

 此处内容在 2019 年考查了选择题："关于沉井施工分节制作工艺的说法，正确的是（　　　）。"
在 2018 年考查了案例补充题："补充第二节沉井接高时对混凝土浇筑的施工缝的做法和要求。"
在 2022 年考查了案例简答题："混凝土浇筑的顺序和重点振捣的部位。"

4. 下沉施工（选择题、案例题考点）

下沉施工　　　　　　　　　　　　　　　　　　　　　表 1K414020-5

项目	内容
沉井下沉前应做的准备工作	（1）在沉井井壁上设置下沉观测标尺、中线和垂线。 （2）第一节混凝土强度应达到设计强度，其余各节应达到设计强度的 70%；对于分节制作分次下沉的沉井，后续下沉、接高部分混凝土强度应达到设计强度的 70%
排水下沉	（1）下沉过程中应进行连续排水，保证沉井范围内地层水疏干。 （2）挖土应分层、均匀、对称进行；对于有底梁或支撑梁沉井，其相邻格仓高差不宜超过 0.5m；严禁超挖。 （3）用抓斗取土时，井内严禁站人；对于有底梁或支撑梁沉井，严禁在底梁以下任意穿越
不排水下沉	沉井内水位应符合施工设计控制水位，井内水位不得低于井外水位；下沉有困难时，应根据内外水位、井底开挖几何形状、下沉量及速率、地表沉降等监测资料综合分析调整井内外的水位差；流动性土层开挖时，应保持井内水位高出井外水位不少于 1m

续表

项目	内容
沉井下沉控制（选择题考点）	（1）下沉应平稳、均衡、缓慢，发生偏斜应通过调整开挖顺序和方式"随挖随纠、动中纠偏"。 （2）沉井下沉监控测量：1）下沉时标高、轴线位移每班至少测量一次，每次下沉稳定后应进行高差和中心位移量的计算；2）终沉时，每小时测一次，严格控制超沉，沉井封底前自沉速率应小于 10mm/8h；3）如发生异常情况应加密量测；4）大型沉井应进行结构变形和裂缝观测
辅助法下沉 此处内容在 2016 年考查了选择题："下沉辅助措施有哪些？"；在 2019 年考查了案例简答题："下沉辅助措施有哪些？"	（1）沉井外壁采用阶梯形以减少下沉摩擦阻力时，在井外壁与土体之间应有专人用黄砂均匀灌入，四周灌入黄砂的高差不应超过 500mm。 （2）采用触变泥浆套助沉时，应采用自流渗入、管路强制压注补给等方法。 （3）采用空气幕助沉时，管路和喷气孔、压气设备及系统装置的设置应满足施工要求；开气应自上而下，停气应缓慢减压，压气与挖土应交替作业；确保施工安全。 （4）沉井采用爆破方法开挖下沉时，应符合国家有关爆破安全的规定

5．沉井封底

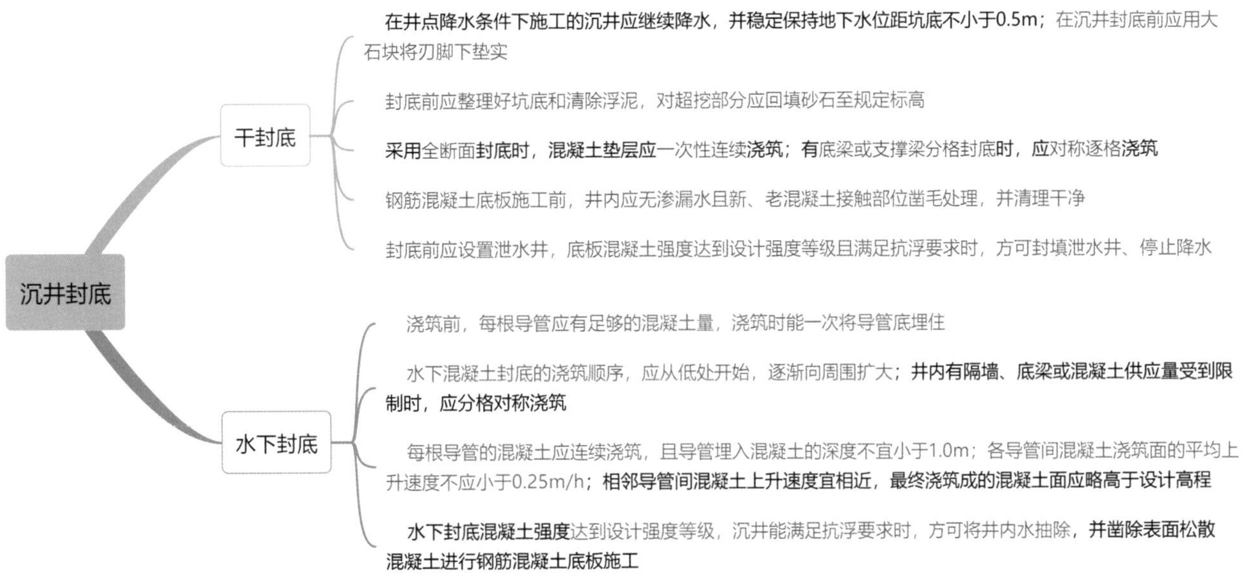

沉井封底
- 干封底
  - 在井点降水条件下施工的沉井应继续降水，并稳定保持地下水位距坑底不小于0.5m；在沉井封底前应用大石块将刃脚下垫实
  - 封底前应整理好坑底和清除浮泥，对超挖部分应回填砂石至规定标高
  - 采用全断面封底时，混凝土垫层应一次性连续浇筑；有底梁或支撑梁分格封底时，应对称逐格浇筑
  - 钢筋混凝土底板施工前，井内应无渗漏水且新、老混凝土接触部位凿毛处理，并清理干净
  - 封底前应设置泄水井，底板混凝土强度达到设计强度等级且满足抗浮要求时，方可封填泄水井、停止降水
- 水下封底
  - 浇筑前，每根导管应有足够的混凝土量，浇筑时能一次将导管底埋住
  - 水下混凝土封底的浇筑顺序，应从低处开始，逐渐向周围扩大；井内有隔墙、底梁或混凝土供应量受到限制时，应分格对称浇筑
  - 每根导管的混凝土应连续浇筑，且导管埋入混凝土的深度不宜小于1.0m；各导管间混凝土浇筑面的平均上升速度不应小于0.25m/h；相邻导管间混凝土上升速度宜相近，最终浇筑成的混凝土面应略高于设计高程
  - 水下封底混凝土强度达到设计强度等级，沉井能满足抗浮要求时，方可将井内水抽除，并凿除表面松散混凝土进行钢筋混凝土底板施工

图 1K414020-9　沉井封底

（1）对于干封底的内容，在 2022 年考查了案例简答题："沉脚处应做何种处理？干封底需要满足什么条件才能封填泄水井。"

（2）对于水下封底的内容，此处内容为选择题考点，可以这样考查："关于沉井不排水下沉水下封底技术要求的说法，正确的是（　　　　）。"

【考点 5】水池施工中的抗浮措施（☆☆☆）[18、20 年案例]

1．给水排水构筑物施工过程中抗浮措施（选择题、案例题考点）

图 1K414020-10　给水排水构筑物施工过程中抗浮措施

1K415000　城市管道工程

1K415010　城市给水排水管道工程施工

【考点 1】城市排水体制选择（☆☆☆）[21 年单选]

1．城市新型排水体制（选择题考点）

> ◆新型排水体制指在合流制和分流制中利用源头控制和末端控制技术使雨水渗透、回用、调蓄排放的体制。
> ◆对于新型分流制排水系统，强调雨水的源头分散控制与末端集中控制相结合，减少进入城市管网中的径流量和污染物总量，同时提高城市内涝防治标准和雨水资源化回用率，雨水源头控制利用技术有雨水下渗、净化和收集回用技术，末端集中控制技术包括雨水湿地、塘体及多功能调蓄等。

此处内容为选择题考点，可以这样出题："城市新型分流制排水体系中，雨水源头控制利用技术有（　　）、净化和收集回用。"

【考点2】开槽管道施工技术（☆☆☆）[18、19 年单选，21 年案例]

1. 沟槽底部开挖宽度计算公式（案例计算题）

当设计无要求时，可按经验公式计算确定：

$$B = D_0 + 2 \times (b_1 + b_2 + b_3)$$

式中　B——管道沟槽底部的开挖宽度（mm）；
　　　D_0——管外径（mm）；
　　　b_1——管道一侧的工作面宽度（mm）；
　　　b_2——有支撑要求时，管道一侧的支撑厚度，可取 150～200mm；
　　　b_3——现场浇筑混凝土或钢筋混凝土管渠一侧模板厚度（mm）。

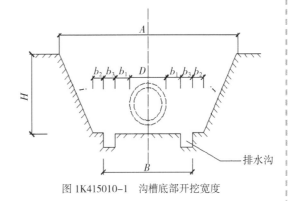

图 1K415010-1　沟槽底部开挖宽度

2. 沟槽开挖与支护

（1）分层开挖及深度：

◆人工开挖沟槽的槽深超过 3m 时应分层开挖，每层的深度不超过 2m。
◆人工开挖多层沟槽的层间留台宽度：放坡开槽时不应小于 0.8m；直槽时不应小于 0.5m；安装井点设备时不应小于 1.5m。

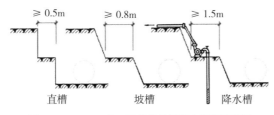

图 1K415010-2　人工开挖的层间留台宽度示意图

口助诀记　"直5放8装15。"

（2）沟槽开挖规定：

◆槽底原状地基土不得扰动，机械开挖时槽底预留 200～300mm 土层，由人工开挖至设计高程，整平。
◆槽底不得受水浸泡或受冻，槽底局部扰动或受水浸泡时，宜采用天然级配砂砾石或石灰土回填；槽底扰动土层为湿陷性黄土时，应按设计要求进行地基处理。
◆槽底土层为杂填土、腐蚀性土时，应全部挖除并按设计要求进行地基处理。
◆在沟槽边坡稳固后设置供施工人员上下沟槽的安全梯。

　此处内容一般考查选择题，可以这样出题："关于沟槽开挖的说法，正确的是（　　　）。"

（3）支撑与支护（选择题考点）：

◆ 撑板支撑应随挖土及时安装。
◆ 在软土或其他不稳定土层中采用横排撑板支撑时，开始支撑的沟槽开挖深度不得超过1.0m；开挖与支撑交替进行，每次交替的深度宜为0.4～0.8m。
◆ 施工人员应由安全梯上下沟槽，不得攀登支撑。拆除撑板应制定安全措施，配合回填交替进行。

3. 沟槽开挖与支护（选择题考点）

沟槽开挖与支护　　　　　　　　　　　　　表1K415010-1

项目	内容
通用规定	（1）压力管道水压试验前，除接口外，管道两侧及管顶以上回填高度不应小于0.5m；水压试验合格后，应及时回填沟槽的其余部分；无压管道在闭水或闭气试验合格后应及时回填。 （2）井室、雨水口及其他附属构筑物周围回填应与管道沟槽回填同时进行，构筑物周围回填压实时应沿井室中心对称进行。 （3）回填土的含水量，宜按土类和采用的压实工具控制在最佳含水率±2%范围内
刚性管道沟槽回填的压实作业应符合的规定	（1）管道两侧和管顶以上500mm范围内胸腔夯实，应采用轻型压实机具，管道两侧压实面的高差不应超过300mm。 （2）分段回填压实时，相邻段的接槎应呈台阶形。采用轻型压实设备时，应夯夯相连；采用压路机时，碾压的重叠宽度不得小于200mm
柔性管道回填	（1）管内径大于800mm的柔性管道，回填施工时应在管内设有竖向支撑。 （2）管道半径以下回填时应采取防止管道上浮、位移的措施。 （3）沟槽回填从管底基础部位开始到管顶以上500mm范围内，必须采用人工回填；管顶500mm以上部位，可用机械从管道轴线两侧同时夯实；每层回填高度应不大于200mm

【考点3】不开槽管道施工技术（☆☆☆☆）[14年单选，13、16、17年多选]

 本考点属于选择题考点，根据近几年考试情况看，重点熟悉下面知识点。本考点其余知识点在考试时间富裕的情况下浏览一遍即可，做到考试时有个印象即可。

1. 常用不开槽管道施工方法

◆ 有盾构法、浅埋暗挖法、顶管法、地表式水平定向钻法、夯管法等。

 该知识点属于选择题考点，可以这样出题：新建市政公用工程不开槽成品管的常用施工方法有（　　）。

2．不开槽法施工方法与适用条件

不开槽法施工方法与适用条件　　　　　表 1K415010-2

施工工法	密闭式顶管	盾构	浅埋暗挖	定向钻	夯管
工法优点	施工精度高	施工速度快	适用性强	施工速度快	施工速度快，成本较低
工法缺点	施工成本高	施工成本高	施工速度慢，施工成本高	控制精度低	控制精度低
适用范围	给水排水管道、综合管道	给水排水管道、综合管道	给水排水管道、综合管道	柔性管道	钢管
适用管径（mm）	$\phi 300 \sim \phi 4000$	$\phi 3000$ 以上	$\phi 1000$ 以上	$\phi 300 \sim \phi 1000$	$\phi 200 \sim \phi 1800$
施工精度	小于 ±50mm	不可控	小于或等于 30mm	不超过 0.5 倍管道内径	不可控
施工距离	较长	长	较长	较短	短
适用地质条件	各种土层	除硬岩外的相对均质地层	各种土层	砂卵石及含水地层不适用	含水地层不适用，砂卵石地层困难

 直击考点　该知识点属于选择题考点，历年考核形式有：

"（1）适用管径 800mm 的不开槽施工方法有（　　　）。"

"（2）施工精度高、适用于各种土层的不开槽管道施工方法是（　　　）。"

"（3）适用于砂卵石地层的不开槽施工方法有（　　　）。"

"（4）施工速度快、成本较低的不开槽管道施工方法是（　　　）。"

【考点 4】管道功能性试验（☆☆☆☆☆）
　　　　　[16、18 年单选，14 年多选，14、18、20、21 年案例]

1．给水排水管道功能性试验

◆包括压力管道的水压试验、无压管道的严密性试验。

2．压力管道的水压试验

压力管道的水压试验 　　　表 1K415010-3

项目	内容
管道内注水与浸泡 **直击考点** 选题考点，可以这样出题："给水管道水压试验时，向管道内注水浸泡的时间，正确的是（　　）。"	（1）应从下游缓慢注入，注入时在试验管段上游的管顶及管段中的高点应设置排气阀，将管道内的气体排除。 （2）试验管段注满水后，宜在不大于工作压力条件下充分浸泡后再进行水压试验，浸泡时间规定： 球墨铸铁管（有水泥砂浆衬里）、钢管（有水泥砂浆衬里）、化学建材管不少于 24h。 内径大于 1000mm 的现浇钢筋混凝土管渠、预（自）应力混凝土管、预应力钢筒混凝土管不少于 72h。 内径小于 1000mm 的现浇钢筋混凝土管渠、预（自）应力混凝土管、预应力钢筒混凝土管不少于 48h
主试验阶段	停止注水补压，稳定 15min；15min 后压力下降不超过所允许压力下降数值时，将试验压力降至工作压力并保持恒压 30min，进行外观检查若无漏水现象，则水压试验合格

3．无压管道的严密性试验

无压管道的严密性试验 　　　表 1K415010-4

项目	内容
管道的试验长度 **直击考点** 选题考点，可以这样出题：关于无压管道闭水试验长度的说法，正确的有（　　）。	（1）试验管段应按井距分隔，带井试验；若条件允许可一次试验不超过 5 个连续井段。 （2）当管道内径大于 700mm 时，可按管道井段数量抽样选取 1/3 进行试验；试验不合格时，抽样井段数量应在原抽样基础上加倍进行试验
管道的严密性试验分类	管道的严密性试验分为闭水试验和闭气试验，应按设计要求确定；设计无要求时，应根据实际情况选择闭水试验或闭气试验
闭水试验准备工作 **直击考点** 选择题考点，可以这样出题：关于排水管道闭水试验的条件中，错误的是（　　）。	（1）管道及检查井外观质量已验收合格。 （2）管道未回填土且沟槽内无积水。 （3）全部预留孔应封堵，不得渗水。 （4）管道两端堵板承载力经核算应大于水压力的合力；除预留进出水管外，应封堵坚固，不得渗水。 （5）顶管施工，其注浆孔封堵且管口按设计要求处理完毕，地下水位于管底以下。 （6）应做好水源引接、排水疏导等方案

续表

项目	内容
闭气试验准备工作	（1）适用于混凝土类的无压管道在回填土前进行的严密性试验。 （2）闭气试验前，地下水位应低于管外底 150mm，环境温度为 -15 ~ 50℃。 （3）下雨时不得进行闭气试验
管道内注水与浸泡	试验管段灌满水后浸泡时间不应少于 24h
闭水试验合格判定 **直击考点**　此处内容在 2020 年考查了案例计算题。	从试验水头达规定水头开始计时，观测管道的渗水量，直至观测结束，应不断地向试验管段内补水，保持试验水头恒定。渗水量的观测时间不得小于 30min，渗水量不超过允许值试验合格

【考点 5】砌筑沟道施工技术（☆☆☆）[13、20 年单选]

1．砌筑沟道施工基本要求（选择题考点）

◆砌体的沉降缝、变形缝、止水缝应位置准确、砌体平整、砌体垂直贯通，缝板、止水带安装正确，沉降缝、变形缝应与基础的沉降缝、变形缝贯通。

◆采用混凝土砌块砌筑拱形管渠或管渠的弯道时，宜采用楔形或扇形砌块；当砌体垂直灰缝宽度大于 30mm 时，应采用细石混凝土灌实，混凝土强度等级不应小于 C20。

◆砌筑砂浆配合比符合设计要求，强度等级不低于 M10，砌筑应采用满铺满挤法。砌体应上下错缝、内外搭砌、丁顺规则有序。砌筑结构管渠宜按变形缝分段施工，砌筑施工需间断时，应预留阶梯形斜槎；接砌时，应将斜槎冲净并铺满砂浆，墙转角和交接处应与墙体同时砌筑。

2．砌筑沟道施工要点

图 1K415010-3　砌筑沟道施工要点

直击考点　该部分内容属于选择题考点，可以这样出题：

"（1）不属于排水管道圆形检查井的砌筑做法是（　　）。"

"（2）下列关于给水排水构筑物施工的说法，正确的是（　　）。"

【考点 6】给水排水管网维护与修复技术（☆☆☆☆）
[14、22 年单选，21 年多选，19 年案例]

1．城市管道维护

城市管道维护 表 1K415010-5

项目	内容
城市管道巡视检查	管道巡视检查内容包括管道漏点监测、地下管线定位监测、管道变形检查、管道腐蚀与结垢检查、管道附属设施检查、管网介质的质量检查等
管道检查主要方法	包括人工检查法、自动监测法、分区检测法、区域泄漏普查系统法等
检测手段	包括探测雷达、声呐、红外线检查、闭路监视系统（CCTV）等方法及仪器设备

> **直击考点** 选择题考点，可以这样考查："城市排水管道巡视检查内容有（　　）。"

2．管道修复与更新

（1）局部修补：

◆局部修补主要用于管道内部的结构性破坏以及裂纹等的修复。目前，进行局部修补的方法主要有密封法、补丁法、铰接管法、局部软衬法、灌浆法、机器人法等。

（2）全断面修复：

◆内衬法：也称为插管法，该法适用于管径 60 ~ 2500mm、管线长度 600m 以内的各类管道的修复。此法施工简单、速度快、可适应大曲率半径的弯管，但存在管道断面受损失较大、环形间隙要求灌浆、一般用于圆形断面管道等缺点。

◆缠绕法：此法适用于管径为 50 ~ 2500mm，管线长度为 300m 以内的各种圆形断面管道的结构性或非结构性的修复，尤其是污水管道。其优点是可以长距离施工、施工速度快，适应大曲率半径的弯管和管径的变化，能利用现有检查井，但管道的过流断面会有损失，对施工人员的技术要求较高。

◆喷涂法：主要用于管道的防腐处理，也可用于在旧管内形成结构性内衬。此法适用于管径为 75 ~ 4500mm、管线长度在 150m 以内的各种管道的修复。其优点是不存在支管的连接问题，过流断面损失小，可适应管径、断面形状及弯曲度的变化，但树脂固化需要一定的时间，管道严重变形时施工难以进行，对施工人员的技术要求较高。

（3）管道更新（选择题考点）：

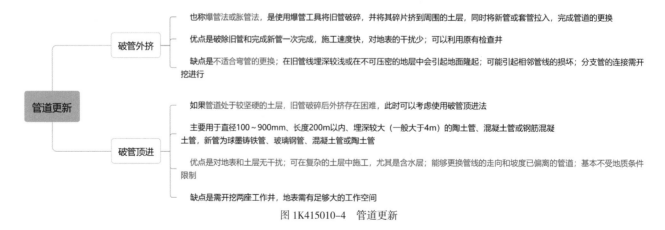

图 1K415010-4　管道更新

1K415020　城市供热管道工程施工

【考点 1】供热管道的分类（☆☆☆）

 直击考点　本考点内容在近几年考试中涉及内容很少，对相关内容了解即可。

【考点 2】供热管道施工与安装要求（☆☆☆☆）[15、16、18、20 年单选，19 年多选]

1. 供热管道敷设与既有建（构）筑物及其他管线的注意事项

◆热力管沟内不得穿过燃气管道，当热力管沟与燃气管道交叉的垂直净距小于 300mm，必须采取可靠措施，防止泄漏的燃气进入管沟。
◆管沟内敷设的热力管道进入建筑物或穿过构筑物时，管道穿墙处应封堵严密。
◆地上敷设的热力管道同架空输电线路或电气化铁路交叉时，管道的金属部分和交叉点 5m 范围内钢筋混凝土结构的钢筋应接地，接地电阻不大于 10Ω。

 直击考点　选择题考点，可以这样出题："地上敷设的供热管道与电气化铁路交叉时，管道的金属部分应（　　　）。"

2. 供热管道施工准备要求

供热管道施工准备要求　　　　　　　　　　　　表 1K415020-1

项目	内容
技术准备	（1）进行充分的项目管理策划，并组织编制施工组织设计和施工方案，履行相关的审批手续。 （2）熟悉施工图纸，施工图纸会审。 （3）与管线产权单位协商加固或拆、改、移方案。 （4）了解工程用地、现场地形、道路交通以及邻近的地上、地下建（构）筑物和各类管线等情况
物资设备准备	（1）根据施工进度，组织好材料、设备、施工机具的进场接收和检验工作钢管的材质、规格和壁厚等应符合设计要求和现行国家标准的规定。材料的合格证书、质量证明书及复验报告应齐全、完整。 （2）阀门应有制造厂的产品合格证。一级管网主干线所用阀门及与一级管网主干线直接相通的阀门，支干线首端和供热站入口处起关闭、保护作用的阀门及其他重要阀门，应进行强度和严密性试验，合格后方可使用 **直击考点**　此处内容涉及选择题考点，可以这样出题："下列供热管网所用的阀门中，必须经工程所在地有资质的检测部门进行强度和严密性试验的有（　　　）。"

3. 供热管道材料与连接要求（选择题考点）

◆城镇供热管网管道应采用无缝钢管、电弧焊或高频焊焊接钢管。管道的连接应采用焊接，管道与设备、阀门等连接宜采用焊接，当设备、阀门需要拆卸时，应采用法兰连接。

4. 供热管道安装前的准备工作

◆管道安装前，应完成支、吊架的安装及防腐处理。支架的制作质量应符合设计和使用要求，支、吊架的位置应准确、平整、牢固，标高和坡度符合设计规定。管件制作和可预组装的部分宜在管道安装前完成，并经检验合格。
◆管道的管径、壁厚和材质应符合设计要求，并经验收合格。
◆对钢管和管件进行除污，对有防腐要求的宜在安装前进行防腐处理。
◆安装前对中心线和支架高程进行复核。

 直击考点 此处内容一般考查选择题，直接记忆即可。

5. 供热管道支架、吊架的分类

供热管道支架、吊架的分类 表 1K415020-2

项目		内容
固定支架		（1）固定支架必须严格安装在设计位置，位置应正确，埋设平整，与土建结构结合牢固，支架处管道不得有环焊缝，固定支架不得与管道直接焊接固定。固定支架处的固定角板，只允许与管道焊接，严禁与固定支架结构焊接。 （2）直埋供热管道的折点处应按设计的位置和要求设置钢筋混凝土固定墩，以保证管道系统的稳定性
活动支架	滑动支架	能使管道与支架结构间自由滑动的支架，其主要承受管道及保温结构的重量和因管道热位移摩擦而产生的水平推力
	导向支架	作用是使管道在支架上滑动时不致偏离管轴线。一般设置在补偿器、阀门两侧或其他只允许管道有轴向移动的地方
	滚动支架	可分为滚柱支架（用于直径较大而无横向位移的管道）及滚珠支架（用于介质温度较高、管径较大而无横向位移的管道）两种
	悬吊支架	普通刚性吊架：主要用于伸缩性较小的管道，加工、安装方便，能承受管道荷载的水平位移。 弹簧吊架适用于伸缩性和振动性较大的管道，形式复杂，在重要场合使用

6. 管沟及地上管道安装施工要点

◆管道安装时管件上不得安装、焊接任何附件。
◆管口对接时，应在距接口两端各 200mm 处测量管道平直度，允许偏差 0 ~ 1mm，对接管道的全长范围内，最大偏差值应不超过 10mm。对口焊接前，应重点检验坡口质量、对口间隙、错边量、纵焊缝位置等。
◆管道穿过基础、墙体、楼板处，应安装套管，管道的焊口及保温接口不得置于墙壁中和套管中，套管与管道之间的空隙应用柔性材料填塞。
◆电焊焊接有坡口的钢管和管件时，焊接层数不得少于两层。管道的焊接顺序和方法不得产生附加应力。每层焊完后，清除熔渣、飞溅物，并进行外观检查，发现缺陷，铲除重焊。不合格的焊接部位，应采取措施返修。同一焊缝的返修次数不得大于两次。
◆采用偏心异径管（大小头）时，蒸汽管道的变径应管底相平（俗称底平）安装在水平管路上，以便于排出管内冷凝水；热水管道变径应管顶相平（俗称顶平）安装在水平管路上以利于排出管内空气。

图 1K415020-1　偏心异径管

【考点 3】供热管网附件及供热站设施安装要点（☆☆☆☆☆）
[13、14、15、21、22 年单选，14、15、16、22 年多选]

1. 补偿器

（1）补偿器的作用：

◆补偿因供热管道升温导致的管道热伸长，从而释放温度变形。补偿器消除温度应力，避免因热伸长或温度应力的作用而引起管道变形或破坏，以确保管网运行安全。

　此处内容一般考查选择题，直接记忆即可。可以这样考查："供热管道安装补偿器的目的是（　　）。"

（2）补偿器类型及特点（选择题考点）：

补偿器类型及特点　　　　　　　　　　　　　　　　表 1K415020-3

类型	特点
自然补偿器	（1）是利用管路几何形状所具有的弹性来吸收热变形。 （2）缺点是管道变形时会产生横向位移，而且补偿的管段不能很大。 （3）分为 L 形（管段中 90° ~ 150° 弯管）和 Z 形（管段中两个相反方向 90° 弯管） L 形自然补偿器　　Z 形自然补偿器 图 1K415020-2　补偿器类型示意图
方形补偿器	（1）利用刚性较小的回折管挠性变形来消除热应力及补偿两端直管部分的热伸长量。 （2）优点：制造方便，补偿量大，轴向推力小，维修方便，运行可靠。 （3）缺点：占地面积较大

类型	特点
波纹管补偿器	（1）靠波形管壁的弹性变形来吸收热胀或冷缩量。 （2）优点：结构紧凑，只发生轴向变形，与方形补偿器相比占据空间位置小。 （3）缺点：制造比较困难、耐压低、补偿能力小、轴向推力大
套筒式补偿器 （填料式补偿器）	（1）优点：安装方便，占地面积小，流体阻力较小，抗失稳性好，补偿能力较大。 （2）缺点：轴向推力较大，易漏水漏汽，需经常检修和更换填料，对管道横向变形要求严格
球形补偿器	（1）是利用球体的角位移来补偿管道的热伸长而消除热应力的，适用于三向位移的热力管道。 （2）优点：占用空间小，节省材料，不产生推力。 （3）缺点：易漏水、漏汽，要加强维修

注意：自然补偿器、方形补偿器和波纹补偿器是利用补偿材料的变形来吸收热伸长的，而套筒式补偿器和球形补偿器则是利用管道的位移来吸收热伸长的。

 此处内容一般考查选择题，具体考核形式有：

"（1）下列热力管道补偿器中，属于自然补偿的有（　　　）。"

"（2）在供热管道系统中，利用管道位移来吸收热伸长的补偿器是（　　　）。"

"（3）利用补偿材料的变形来吸收热伸长的补偿器有（　　　）。"

（3）补偿器安装要点：

◆有补偿器装置的管段，补偿器安装前，管道和固定支架之间不得进行固定。补偿器的临时固定装置在管道安装、试压、保温完毕后，应将紧固件松开，保证在使用中可自由伸缩。

◆在靠近补偿器的两端，应设置导向支架，保证运行时管道沿轴线自由伸缩。

◆当安装时的环境温度低于补偿零点（设计的最高温度与最低温度差值的1/2）时，应对补偿器进行预拉伸，拉伸的具体数值应符合设计文件的规定。经过预拉伸的补偿器，在安装及保温过程中应采取措施保证预拉伸不被释放。

◆方形补偿器水平安装时，平行臂应与管线坡度及坡向相同，垂直臂应呈水平放置。垂直安装时，不得在弯管上开孔安装放风管和排水管。

◆波纹管补偿器或套筒式补偿器安装时，补偿器应与管道保持同轴，不得偏斜，有流向标记（箭头）的补偿器，流向标记与介质流向一致。填料式补偿器芯管的外露长度应大于设计规定的变形量。

 此处内容一般考查选择题，具体考核形式有：

"（1）在供热管网补偿器的两侧应设置（　　　）支架。"

"（2）补偿器芯管的外露长度或其端部与套管内挡圈的距离应大于设计要求的变形量，属于（　　　）补偿器的安装要求之一。"

2. 阀门

（1）阀门的类型和特点：

阀门的类型和特点 表 1K415020-4

类型	特点
闸阀	是用于一般汽、水管路作全启或全闭操作的阀门。当管径大于 $DN50mm$ 时宜选用闸阀

续表

类型	特点
截止阀	主要用来切断介质通路，也可调节流量和压力。安装时应注意方向性，即低进高出，不得装反
止回阀	作用是使介质只做一个方向的流动，而阻止其逆向流动。常设在水泵的出口、疏水器的出口管道以及其他不允许流体反向流动的地方
蝶阀	主要用于低压介质管路或设备上进行全开全闭操作
安全阀	主要用于管道和各种承压设备上，当介质工作压力超过允许压力数值时，安全阀自动打开向外排放介质，随着介质压力的降低，安全阀将重新关闭，从而防止管道和设备的超压危险。适用于锅炉房管道以及不同压力级别管道系统中的低压侧
减压阀	主要用于蒸汽管路，靠开启阀孔的大小对介质进行节流从而达到减压目的，它能以自力作用将阀后的压力维持在一定范围内
疏水阀	安装在蒸汽管道的末端或低处，主要用于自动排放蒸汽管路中的凝结水，阻止蒸汽逸漏和排除空气等非凝性气体，对保证系统正常工作，防止凝结水对设备的腐蚀以及汽水混合物对系统的水击等均有重要作用
平衡阀	对供热系统管网的阻力和压差等参数加以调节和控制，从而满足管网系统按预定要求正常、高效运行

此处内容一般考查选择题，具体考核形式有：

"（1）热动力疏水阀应安装在（　　）管道上。"

"（2）疏水阀在蒸汽管网中的作用包括（　　）。"

"（3）对供热水系统管网的阻力和压差等加以调节和控制，以满足管网系统按预定要求正常和高效运行的阀门是（　　）。"

（2）阀门安装要点（选择考点）：

图 1K415020-3　阀门安装要点

3. 热力站系统工作原理图

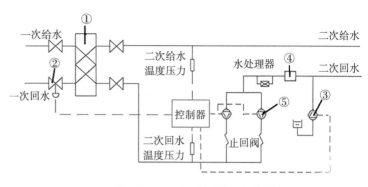

 案例识图题为市政案例实操题典型的考核形式。左图中，编号①：板式换热器；编号②：温控阀；编号③：补水泵；编号④：过滤器；编号⑤：循环水泵。

图 1K415020-4　热力站系统工作原理图

【考点4】供热管道功能性试验的规定（☆☆☆☆☆）[17、18年单选，17年多选]

1. 强度试验和严密性试验

强度试验和严密性试验

强度试验的实施要点
- 强度试验所用压力表应在检定有效期内，其精度等级不得低于1.0级。压力表的量程应为试验压力的1.5~2倍，数量不得少于2块。压力表应安装在试验泵出口和试验系统末端
- 强度试验压力为1.5倍设计压力，且不得小于0.6MPa充水时应排净系统内的气体，在试验压力下稳压10min，检查无渗漏、无压降后降至设计压力，在设计压力下稳压30min，检查无渗漏、无压降为合格
- 当试验过程中发现渗漏时，严禁带压处理：消除缺陷后，应重新进行试验

严密性试验的实施要点
- 严密性试验应在试验范围内的管道、支架、设备全部安装完毕，且固定支架的混凝土已达到设计强度，管道自由端临时加固完成后进行
- 对于供热站内管道和设备的严密性试验，试验前还需确保安全阀、爆破片及仪表组件等已拆除或加盲板隔离，加盲板处有明显的标记并做记录，安全阀全开，填料密实
- 严密性试验所用压力表的精度等级不得低于1.5级。压力表的量程应为试验压力的1.5~2倍，数量不得少于2块，应在检定有效期内，压力表应安装在试验泵出口和试验系统末端
- 严密性试验压力为设计压力的1.25倍，且不小于0.6MPa

图 1K415020-5　强度试验和严密性试验

 （1）对于强度试验的实施要点，在2010年考查了案例分析判断题。
（2）对于严密性试验的实施要点，一般考查选择题，直接记忆。主要考查形式有：
"1）关于供热站内管道和设备严密性试验的实施要点的说法，正确的是（　　）。"
"2）某供热管网设计压力为0.4MPa，其严密性试验压力（　　）。"

2. 试运行（选择题考点）

◆试运行在单位工程验收合格，完成管道清洗并且热源已具备供热条件后进行。试运行前需要编制试运行方案，并要在建设单位、设计单位认可的条件下连续运行72h。
◆试运行中应对管道及设备进行全面检查，重点检查支架的工作状况。
◆试运行完成后应对运行资料、记录等进行整理，并应存档。

1K415030 城市燃气管道工程施工

【考点1】燃气管道的分类（☆☆☆）[16年单选，18年案例]

1. 燃气管道根据输气压力分类（选择题考点）

◆燃气管道按压力分为不同的等级，其分类见下表。

城镇燃气管道设计压力分类（MPa）　　　　表 1K415030-1

低压	中压		次高压		高压	
	B	A	B	A	B	A
≤ 0.01	>0.01，≤ 0.2	>0.2，≤ 0.4	>0.4，≤ 0.8	>0.8，≤ 1.6	>1.6，≤ 2.5	>2.5，≤ 4.0

 此处内容在2018年考查了案例分析题：本工程燃气管道属于哪种压力等级？

◆次高压燃气管道，应采用钢管；中压燃气管道，宜采用钢管或铸铁管。
◆中压B和中压A管道必须通过区域调压站、用户专用调压站才能给城市分配管网中的低压和中压管道供气，或给工厂企业、大型公共建筑用户以及锅炉房供气。
◆一般由城市高压B燃气管道构成大城市输配管网系统的外环网。高压B燃气管道也是给大城市供气的主动脉。高压燃气必须通过调压站才能送入中压管道、高压储气罐以及工艺需要高压燃气的大型工厂企业。

 此处内容在2016年考查了选择题："大城市输配管网系统外环网的燃气管道压力一般为（　　）"。

【考点2】燃气管道施工与安装要求（☆☆☆☆☆）
　　　　　　[14、15年单选，13、20、22年多选，18、22年案例]

1. 燃气管道工程基本规定

◆保护设施两端应伸出障碍物且与被跨越障碍物间的距离不应小于0.5m。
◆地下燃气管道埋设的最小覆土厚度（路面至管顶）应符合下列要求：埋设在车行道下时，不得小于0.9m；人行道及田地下的最小直埋深度不应小于0.6m。

 此处内容在2022年考查了案例简答题："写出中燃气管道的最小覆土厚度"。

◆地下燃气管道不宜与其他管道或电缆同沟敷设。

2. 燃气管道穿越构建筑物（选择题考点）

燃气管道穿越构建筑物　　　　表 1K415030-2

项目	内容
不得穿越的规定	（1）地下燃气管道不得从建筑物和大型构筑物的下面穿越。 （2）地下燃气管道不得在堆积易燃、易爆材料和具有腐蚀性液体的场地下面穿越
穿越铁路和高速公路的燃气管道要求	其外应加套管，并提高绝缘、防腐等措施
穿越铁路的燃气管道的套管要求	（1）套管埋设的深度：套管顶部距铁路路肩不得小于 1.7m，并应符合铁路管理部门的要求。 （2）套管宜采用钢管或钢筋混凝土管。 （3）套管内径应比燃气管道外径大 100mm 以上。 （4）套管两端与燃气管的间隙应采用柔性的防腐、防水材料密封，其一端应装设检漏管。 （5）套管端部距路堤坡脚外距离不应小于 2.0m
穿越高速公路的燃气管道的套管、穿越电车轨道和城镇主要干道的燃气管道的套管或地沟要求	（1）套管内径应比燃气管道外径大 100mm 以上，套管或地沟两端应密封，在重要地段的套管或地沟端部宜安装检漏管。 （2）套管端部距电车边轨不应小于 2.0m；距道路边缘不应小于 1.0m。 （3）燃气管道宜垂直穿越铁路、高速公路、电车轨道和城镇主要干道

上述内容在 2009 年、2011 年、2013 年、2014 年、2020 年均考查了选择题，且属于高频考点，考生要将上表内容熟记。

3. 燃气管道通过河流（选择题考点）

燃气管道通过河流　　　　表 1K415030-3

项目	内容
燃气管道利用道路、桥梁跨越河流的要求	（1）利用道路、桥梁跨越河流的燃气管道，其管道的输送压力不应大于 0.4MPa。 （2）敷设于桥梁上的燃气管道应采用加厚的无缝钢管或焊接钢管，尽量减少焊缝，对焊缝进行 100% 无损检测。 （3）跨越通航河流的燃气管道管底标高，应符合通航净空的要求，管架外侧应设置护桩。 （4）管道应设置必要的补偿和减振措施。 （5）过河架空的燃气管道向下弯曲时，向下弯曲部分与水平管夹角宜采用 45° 形式。 （6）对管道应做较高等级的防腐保护。对于采用阴极保护的埋地钢管与随桥管道之间应设置绝缘装置
燃气管道穿越河底时要求	（1）燃气管道宜采用钢管。 （2）燃气管道至规划河底的覆土厚度，应根据水流冲刷条件及规划河床标高确定，对不通航河流不应小于 0.5m；对通航的河流不应小于 1.0m，还应考虑疏浚和投锚深度。 （3）稳管措施应根据计算确定。 （4）在埋设燃气管道位置的河流两岸上、下游应设立标志

4. 定向钻施工工艺流程图

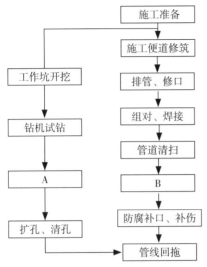

图 1K415030-1 定向钻施工工艺流程图

补充知识点

水平定向钻进铺管技术要点：

（1）一般要求：①施工前，应勘察施工现场，掌握施工地层的类别和厚度、地下水分布和现场周边的建（构）筑物的位置、交通状况等。②施工单位应根据设计人员的现场交底和工程设计图纸，对设计管线穿越段进行探测，核实施工现场既有地下管线或设施的埋深和位置，并编制该工程的施工组织设计，涉及危险性较大的工程、重要部位、关键环节等还应编制专项方案。

直击考点 此处内容在 2018 年考查了案例简答题："为保证施工和周边环境安全，编制定向钻专项方案前还需做好哪些调查工作？"

（2）扩孔、清孔施工要点：①软土层可使用铣刀型扩孔钻头或组合型扩孔钻头，硬土层和岩层可使用组合型扩孔钻头、硬质合金扩孔钻头或牙轮扩孔钻头。②回扩从出土点向入土点进行，扩孔应严格控制回拉力、转速、泥浆流量等技术参数，确保成孔稳定和线形要求，无塌孔、缩孔等现象。

直击考点 上图为一城市天然气管道工程穿越现状道路路口段的定向钻施工工艺流程图。图中，A 为导向孔钻进（或钻导向孔）；B 为管道强度试验（或水压、气压试验）。

【考点 3】燃气管网附属设备安装要点（☆☆☆）[17、21 年单选]

1. 燃气管网附属设备（选择题考点）

◆包括阀门、补偿器、凝水缸、放散管等。

2. 燃气管网附属设备安装要求

燃气管网附属设备安装要求　　　　　表 1K415030-4

附属设备	安装要求
阀门	（1）阀门手轮不得向下；落地阀门手轮朝上，不得歪斜；在工艺允许的前提下，阀门手轮宜位于齐胸高，以便于启阀；明杆闸阀不要安装在地下，以防腐蚀。 （2）减压阀要求直立地安装在水平管道上，不得倾斜。 （3）安装时，与阀门连接的法兰应保持平行，其偏差不应大于法兰外径的 1.5‰，且不得大于 2mm。 （4）安装前应做严密性试验，不渗漏为合格，不合格者不得安装
补偿器	（1）补偿器常安装在阀门的下侧（接气流方向）。 （2）安装应与管道同轴，不得偏斜；不得用补偿器变形调整管位的安装误差
凝水缸	凝水缸设置在管道低处

続表

附属设备	安装要求
放散管	放散管设在管道高处
阀门井	燃气管道的地下阀门宜设置阀门井

 上表内容一般考查选择题，可考点较少，可以这样出题："关于燃气管网附属设备安装要求的说法，正确的是（　　）"。

【考点4】燃气管道功能性试验的规定（☆☆☆）

 本考点在过去的考试中考查过选择题，本考点不作为重点内容备考，了解下面知识点即可。

1. 燃气管道气压试验

◆当管道设计压力小于或等于0.8MPa时，试验介质宜为空气。试验压力为设计输气压力的1.5倍，但不得低于0.4MPa。当压力达到规定值后，应稳压1h，然后用肥皂水对管道接口进行检查，全部接口均无漏气现象认为合格。

2. 燃气管道水压试验

◆当管道设计压力大于0.8MPa时，试验介质应为清洁水，试验压力不得低于1.5倍设计压力。水压试验时，试验管段任何位置的管道环向应力不得大于管材标准屈服强度的90%。
◆试验压力应逐步缓升，首先升至试验压力的50%，进行初检，如无泄漏、无异常，继续升压至试验压力，然后宜稳压1h后，观察压力计不少于30min，无压力降为合格。

1K415040 城市综合管廊

【考点1】综合管廊工程结构类型和特点（☆☆☆）[22年单选]

 非重点内容，了解下面知识点即可。

1．综合管廊断面布置（选择题考点）

◆天然气管道应在独立舱室内敷设。热力管道采用蒸汽介质时应在独立舱室内敷设。
◆热力管道不应与电力电缆同仓敷设。110kV 及以上电力电缆不应与通信电缆同侧布置。
◆给水管道与热力管道同侧布置时，给水管道宜布置在热力管道下方。
◆进入综合管廊的排水管道应采取分流制，雨水纳入综合管廊可利用结构本体或采用管道方式；污水应采用管道排水方式，宜设置在综合管廊底部。
◆压力管道进出综合管廊时，应在综合管廊外部设置阀门。
注意：干线综合管廊宜设置在机动车道、道路绿化带下面。支线综合管廊宜设置在道路绿化带、人行道或非机动车道下。缆线综合管廊宜设置在人行道下。

【考点2】综合管廊工程施工方法选择（☆☆☆）[18年单选]

1．综合管廊主要施工方法

◆主要有明挖法、盖挖法、盾构法和锚喷暗挖法等。

【考点3】综合管廊工程施工技术（☆☆☆）[18、20年多选]

 直击考点　本考点为非重点内容，一般考查选择题，了解下面知识点即可。

1．综合管廊工程施工要求

综合管廊工程施工要求　　　　　　　　　　表 1K415040-1

项目	内容
现浇钢筋混凝土结构	（1）混凝土的浇筑应在模板和支架检验合格后进行。入模时应防止离析。连续浇筑时，每层浇筑高度应满足振捣密实的要求。预留孔、预埋管、预埋件及止水带等周边混凝土浇筑时，应辅助人工插捣。 （2）混凝土底板和顶板，应连续浇筑不得留置施工缝。设计有变形缝时，应按变形缝分仓浇筑
预制拼装钢筋混凝土结构	（1）构件运输及吊装时，混凝土强度应符合设计要求。当设计无要求时，不应低于设计强度的75%。 （2）预制构件安装前，应复验合格。当构件上有裂缝且宽度超过 0.2mm 时，应进行鉴定
砌体结构	砌体结构中的预埋管、预留洞口结构应采取加强措施，并应采取防渗措施
基坑回填	基坑回填应在综合管廊结构及防水工程验收合格后进行。综合管廊两侧回填应对称、分层、均匀。管廊顶板上部 1000mm 范围内回填材料应采用人工分层夯实，大型碾压机不得直接在管廊顶板上部施工
维护管理	（1）综合管廊内实行动火作业时，应采取防火措施。 （2）利用综合管廊结构本体的雨水渠，每年非雨季清理疏通不应少于两次

1K416000 生活垃圾处理工程

1K416010 生活垃圾填埋处理工程施工

【考点1】生活垃圾填埋场填埋区结构特点（☆☆☆）[17年单选]

1. 生活垃圾卫生填埋场填埋区的结构形式（选择题考点，主要记住3个层次）

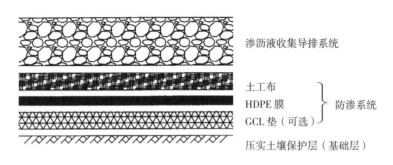

图 1K416010-1　渗沥液防渗系统、收集导排系统断面示意图

【考点2】生活垃圾填埋场填埋区防渗层施工技术（☆☆☆☆☆）[13、18、19、21、22年单选，17、18年多选]

1. 泥质防水层施工

图 1K416010-2　泥质防水层施工

2．膨润土防水毯铺设

膨润土防水毯铺设　　　　　　　　　　　　　　　表 1K416010-1

项目	内容
膨润土防水毯选用	应根据防渗要求选用粉末型膨润土防水毯或颗粒型膨润土防水毯，防渗要求高的工程中应优先选用粉末型膨润土防水毯
膨润土防水毯施工	（1）膨润土防水毯施工应符合下列规定：应自然与基础层贴实，不应折皱悬空；应以品字形分布，不得出现十字搭接；边坡施工应沿坡面铺展，边坡不应存在水平搭接。 （2）当边坡铺设膨润土防水毯时，严禁沿边坡向下自由滚落铺设。坡顶处材料应埋入锚固沟锚固。 （3）膨润土防水毯铺设时，应随时检查外观有无缺陷，当发现缺陷时，应及时采取修补措施，修补范围宜大于破损范围 300mm。膨润土防水毯如有撕裂等损伤应全部更换。 （4）膨润土防水毯在管道或构筑立柱等特殊部位施工，可首先裁切以管道直径加 500mm 为边长的方块，再在其中心裁剪直径与管道直径等同的孔洞，修理边缘后使之紧密套在管道上；然后在管道周围与膨润土防水毯的接合处均匀撒布或涂抹膨润土粉

 直击考点　该知识点属于选择题考点，记住上表内容即可。

3．聚乙烯（HDPE）膜防渗层施工的焊缝检测技术（选择题考点）

聚乙烯（HDPE）膜防渗层施工的焊接检测技术	非破坏性检测技术	HDPE膜焊缝非破坏性检测主要有双缝热熔焊缝气压检测法和单缝挤压焊缝的真空（真空检测是传统的老方法）及电火花（适用于地形复杂的地段）测试法
	HDPE膜焊缝破坏性测试	切取试件进行剪切和剥离试验

图 1K416010-3　聚乙烯（HDPE）膜防渗层施工的焊缝检测技术

4．HDPE 膜施工

HDPE 膜施工　　　　　　　　　　　　　　　　表 1K416010-2

项目	内容
HDPE 膜铺设 **直击考点** 此处内容一般考查选择题，可以这样出题：关于生活垃圾填埋场 HDPE 膜铺设的做法错误的有（　　　）。	（1）填埋场 HDPE 膜铺设总体顺序一般为"先边坡，后场底"。 （2）在恶劣天气来临前，减少展开 HDPE 膜的数量，做到能焊多少铺多少。冬期严禁铺设。 （3）HDPE 膜铺设时应一次展开到位，不宜展开后再拖动。 （4）应及时填写 HDPE 膜铺设施工记录表，经现场监理工程师和技术负责人签字后存档。 （5）防渗层验收合格后应及时进行下一工序的施工，以形成对防渗层的覆盖和保护
HDPE 膜试验性焊接	（1）焊接设备和人员只有成功完成试验性焊接后，才能进行生产焊接。 （2）填写 HDPE 膜试样焊接记录表，经现场监理和技术负责人签字后存档

5.HDPE膜材料质量抽样检验

◆应由供货单位和建设单位双方在现场抽样检查。
◆应由建设单位送到国家认证的专业机构检测。
◆每 10000m² 为一批，不足 10000m² 按一批计。在每批产品中随机抽取 3 卷进行尺寸偏差和外观检查。

此处内容一般考查选择题，可以这样出题：由甲方采购的 HDPE 膜材料质量抽样检验，应由（　　）双方在现场抽样检查。

【考点3】生活垃圾填埋场填埋区导排系统施工技术(☆☆☆)[20年单选，14年案例]

1.渗沥液收集导排系统施工

◆主要有导排层摊铺、收集花管连接、收集渠码砌等施工过程。

此处内容在 2014 年考查了案例补充题：“补充渗沥液收集导排系统的施工内容。”

2.HDPE管焊接施工工艺流程图

图 1K416010-4　HDPE 管焊接施工工艺流程图

案例识图题是市政案例实操题经典考核形式，上图就是案例识图题，因此工艺流程图中，①为管材准备就位；②为预热；③为加压对接。

3.生活垃圾填埋场填埋区导排系统施工控制要点

◆填筑导排层卵石，宜采用小于 5t 的自卸汽车，采用不同的行车路线，环形前进，间隔 5m 堆料，避免压翻基底，随铺膜随铺导排层滤料（卵石）。
◆导排层应优先采用卵石作为排水材料，可采用碎石，石材粒径宜为 20 ~ 60mm，石材 $CaCO_3$ 含量必须小于 5%，防止年久钙化使导排层板结造成填埋区侧漏。
◆热熔连接保压、冷却时间，应符合热熔连接工具生产厂和管件、管材生产厂规定，并保证冷却期间不得移动连接件或在连接件上施加外力。

此处内容一般内容考查选择题，熟记上述内容即可。

【考点4】垃圾填埋与环境保护技术（☆☆☆）[16年单选，16年多选]

1. 我国城市垃圾的处理方式（选择题考点）

◆目前，我国城市垃圾的处理方式基本采用封闭型垃圾填埋场。封闭型垃圾填埋场是目前我国通行的填埋类型。垃圾填埋场选址、设计、施工、运行都与环境保护密切相关。

2. 垃圾填埋场选址（选择题考点）

◆垃圾填埋场的选址，应考虑地质结构、地理水文、运距、风向等因素。
◆垃圾填埋场必须远离饮用水源，尽量少占良田，利用荒地和当地地形。一般选择在远离居民区的位置，填埋库区与敞开式渗沥液处理区边界距居民居住区或人畜供水点的卫生防护距离应大于等于500m。
◆生活垃圾填埋场应设在当地夏季主导风向的下风向。应位于地下水贫乏地区、环境保护目标区域的地下水流向下游地区。
◆生活垃圾卫生填埋场用地内绿化隔离带宽度不应小于20m，并沿周边设置。

1K417000 施工测量与监控量测

1K417010 施工测量

【考点1】施工测量主要内容与常用仪器（☆☆☆☆☆）
[15、16、17、18、19、20、21年单选]

1. 施工测量的基本概念（选择题考点）

◆施工测量以规划和设计为依据，是保障工程施工质量和安全的重要手段。
◆施工测量包括交接桩及验线、施工控制测量、施工测图、钉桩放线、细部放样、变形测量、竣工测量和地下管线测量以及其他测量等内容。施工测量是一项琐碎而细致的工作，作业人员应遵循"由整体到局部，先控制后细部"的原则。
◆市政公用工程施工测量的特点是贯穿于工程实施的全过程。
◆综合性的市政基础设施工程中，使用不同的设计文件时，施工控制网测设后，应进行相关的道路、桥梁、管道与各类构筑物的平面控制网联测。

直击考点　此处内容一般考查选择题，熟记上述内容即可。可以这样出题：
　　"（1）施工测量是一项琐碎而细致的工作，作业人员应遵循（　　）的原则开展测量工作。"
　　"（2）为市政公用工程设施改扩建提供基础资料的是原设施的（　　）测量资料。"
　　"（3）关于施工测量的说法，错误的是（　　）。"

2．常用仪器及测量方法（选择题考点）

补充知识点

高程测量公式（考查过选择计算题）

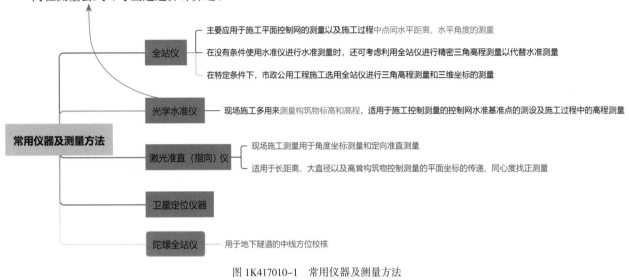

图 1K417010-1　常用仪器及测量方法

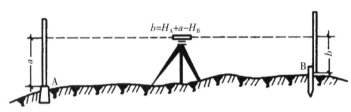

$b=H_A+a-H_B$

图 1K417010-2　高程测设示意

3．隧道施工测量要求（选择题考点）

◆施工前应建立地面平面控制；地面高程控制可视现场情况以三、四等水准或相应精度的三角高程测量布设。有相向施工段时应进行贯通测量设计，应根据相向开挖段的长度，按设计要求布设二等、三等或四等三角网，或者布设相应精度的精密导线。

◆在开挖掌子面上放样，标出拱顶、边墙和起拱线位置，衬砌结构支模后应检测、复核竣工断面。

◆盾构机拼装后应进行初始姿态测量，掘进过程中应进行实时姿态测量。

【考点2】场区控制测量（☆☆☆）[22年单选]

 直击考点　非重点内容，不作为重点内容备考。

1．数字水准仪观测的主要技术要求（选择题考点）

◆二等数字水准测量观测顺序，奇数站应为：后→前→前→后；偶数站应为：前→后→后→前。

◆三等数字水准测量观测顺序应为：后→前→前→后；四等水准测量观测顺序应为：后→后→前→前。

【考点 3】竣工图编绘的实测（☆☆☆）[14 年单选，21 年多选]

1. 竣工图的编绘（选择题考点）

◆在市政公用工程施工过程中，在每一个单位（体）工程完成后，应该进行竣工测量，并提出其竣工测量成果。

◆对矩形建（构）筑物应注明两点以上坐标，圆形建（构）筑物应注明中心坐标及接地外半径；建（构）筑物室内地坪标高；构筑物间连接管线及各线交叉点的坐标和标高。

◆道路中心直线段应每 25m 施测一个坐标和高程点；曲线段起终点、中间点，应每隔 15m 施测一个坐标和高程点；道路坡度变化点应加测坐标和高程。过街天桥应测注天桥底面高程，并应标注与路面的净空高。

◆在桥梁工程竣工后应对桥墩、桥面及其附属设施进行现状测量。桥面测量应沿梁中心线和两侧，并包括桥梁特征点在内，以 20 ～ 50m 间距施测坐标和高程点。

◆地下管线竣工测量宜在覆土前进行，主要包括交叉点、分支点、转折点、变材点、变径点、变坡点、起讫点、上杆、下杆以及管线上附属设施中心点等。

1K417020　监控量测

【考点 1】监控量测主要工作（☆☆☆）

 直击考点　本考点内容在近几年考试中涉及较少，在进行第一遍复习时浏览一遍相关内容即可。

【考点 2】监控量测方法（☆☆☆☆☆）[18、19 年多选，14、16 年案例]

1. 土质基坑工程仪器监测项目表（选择题、案例题考点）

土质基坑工程仪器监测项目表　　　　表 1K417020-1

监测项目	基坑工程安全等级		
	一级	二级	三级
围护墙（边坡）顶部水平位移	应测	应测	应测
围护墙（边坡）顶部竖向位移	应测	应测	应测
深层水平位移	应测	应测	宜测
立柱竖向位移	应测	应测	宜测
围护墙内力	宜测	可测	可测
支撑轴力	应测	应测	宜测
立柱内力	可测	可测	可测
锚杆轴力	应测	宜测	可测
坑底隆起	可测	可测	可测
围护墙侧向土压力	可测	可测	可测
孔隙水压力	可测	可测	可测
地下水位	应测	应测	应测
土体分层竖向位移	可测	可测	可测
周边地表竖向位移	应测	应测	宜测

监测项目		基坑工程安全等级		
		一级	二级	三级
周边建筑	竖向位移	应测	应测	应测
	倾斜	应测	宜测	可测
	水平位移	宜测	可测	可测
周边建筑裂缝、地表裂缝		应测	应测	应测
周边管线	竖向位移	应测	应测	应测
	水平位移	可测	可测	可测
周边道路竖向位移		应测	宜测	可测

 本考点可以出选择题，还可以考查案例补充题、案例简答题。（列出本工程基坑施工监测的应测项目）

2．岩体基坑工程仪器监测项目

岩体基坑工程仪器监测项目表   表 1K417020-2

监测项目		基坑设计安全等级		
		一级	二级	三级
坑顶水平位移		应测	应测	应测
坑顶竖向位移		应测	宜测	可测
锚杆轴力		应测	宜测	可测
地下水、渗水与降雨关系		宜测	可测	可测
周边地表竖向位移		应测	应测	可测
周边建筑	竖向位移	应测	宜测	可测
	倾斜	宜测	可测	可测
	水平位移	宜测	可测	可测
周边建筑裂缝、地表裂缝		应测	宜测	可测
周边管线	竖向位移	应测	宜测	可测
	水平位移	宜测	可测	可测
周边道路竖向位移		应测	宜测	可测

3．基坑工程巡视检查（案例简答题）

◆包括以下主要内容：支护结构；施工工况；基坑周边环境；监控量测设施。

【考点3】监控量测报告（☆☆☆☆☆）

 本考点内容在近几年考试中涉及较少，在进行第一遍复习时浏览一遍相关内容即可。

1K420000 市政公用工程项目施工管理

1K420010 市政公用工程施工招标投标管理

【考点1】市政公用工程施工招标投标管理（☆☆☆）[20年单选，17年多选]

1. 招标文件与招标公告主要内容

招标文件与招标公告主要内容 表 1K420010-1

招标文件	招标公告
（1）投标邀请书	（1）招标人的名称和地址
（2）投标人须知	（2）招标项目的内容、规模、资金来源
（3）合同主要条款	（3）招标项目的实施地点和工期
（4）投标文件格式	（4）获取招标文件或者资格预审文件的地点和时间
（5）工程量清单	（5）对招标文件或者资格预审文件收取的费用
（6）技术条款	（6）对招标人资质等级的要求
（7）设计图纸	
（8）评标标准和方法	
（9）投标辅助材料	

 直击考点 这是第一个考点，我们要开始学习了。

2. 投标文件组成

投标文件组成   表 1K420010-2

商务部分	经济部分	技术部分
（1）投标函及投标函附录	（1）投标报价	（1）主要施工方案
（2）法定代表人身份证明或附有法定代表人身份证明的授权委托书	（2）已标价的工程量	（2）进度计划及措施
（3）联合体协议书	（3）拟分包项目情况	（3）质量保证体系及措施
（4）投标保证金		（4）安全管理体系及措施
（5）资格审查资料		（5）消防、保卫、健康体系及措施
（6）投标人须知前附表规定的其他材料		（6）文明施工、环境保护体系及措施
		（7）风险管理体系及措施
		（8）机械设备配备及保障
		（9）劳动力、材料配置计划及保障
		（10）项目管理机构及保证体系
		（11）施工现场总平面图

 投标文件由商务部分、经济部分和技术部分组成，各部分的具体内容是很重要的采分点。

3. 投标保证金

◆投标保证金除现金外，可以是银行出具的保函、保兑支票、汇票或现金支票。
◆投标保证金一般不得超过投标总价的 2%。
◆投标保证金有效期应当与投标有效期一致。
◆投标人不按招标文件要求提交投标保证金的，该投标文件将被拒绝，作废标处理。

 招标人可以在招标文件中要求投标人提交投标保证金。投标人应当按照招标文件要求的方式和金额，将投标保证金随投标文件提交给招标人。

【考点2】市政公用工程施工招标条件与程序（☆☆☆）

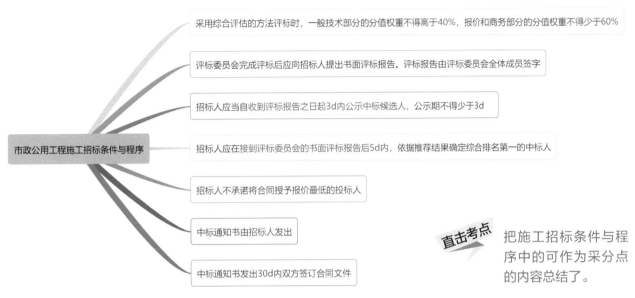

采用综合评估的方法评标时，一般技术部分的分值权重不得高于40%，报价和商务部分的分值权重不得少于60%

评标委员会完成评标后应向招标人提出书面评标报告。评标报告由评标委员会全体成员签字

招标人应当自收到评标报告之日起3d内公示中标候选人，公示期不得少于3d

招标人应在接到评标委员会的书面评标报告后5d内，依据推荐结果确定综合排名第一的中标人

招标人不承诺将合同授予报价最低的投标人

中标通知书由招标人发出

中标通知书发出30d内双方签订合同文件

直击考点 把施工招标条件与程序中的可作为采分点的内容总结了。

图 1K420010-1 市政公用工程施工招标条件与程序

【考点3】市政公用工程施工投标条件与程序（☆☆☆）

◆投标文件应当对招标文件有关施工工期、投标有效期、质量要求、技术标准和招标范围等实质性内容作出响应。
◆投标文件中重要的项目或数字（质量等级、价格、工期等）如未填写，将作为无效或作废投标文件处理。
◆最常用的投标技巧是不平衡报价法。

直击考点 本考点作为了解的内容。

1K420020 市政公用工程造价管理

【考点1】设计概算的应用（☆☆☆）

◆设计概算可分为单位工程概算、单项工程综合概算、建设工程总概算三级。
◆建设工程总概算由各单项工程综合概算、工程建设其他费用以及预备费用概算汇总编制而成。
◆设计概算批准后，一般不得调整。
◆设计概算文件需经编制单位自审，建设单位（项目业主）复审，工程造价主管部门审批。

直击考点 了解一下设计概算的分级和审批。

【考点 2】施工图预算的应用（☆☆☆）

1. 设计概算与施工图预算的作用对比

设计概算与施工图预算的作用对比　　　　　　　　表 1K420020-1

设计概算	施工图预算
是编制固定资产投资计划的依据	是施工图设计阶段确定建设工程项目造价的依据
是实行建设项目投资包干的依据	是安排建设资金计划和使用建设资金的依据
是签订承发包合同的依据	是工程量清单编制的依据，也是标底编制的依据
是签订贷款合同的依据	是拨付进度款及办理结算的依据
是项目实施全过程造价控制管理的依据	是确定投标报价的依据
是考核项目经济合理性的依据	是施工单位进行施工准备的依据

 设计概算和施工图预算都是设计文件的重要组成部分，我们对比着学习一下二者的作用。

2. 施工图预算的编制与应用

◆施工图预算的计价模式包括定额计价模式和工程量清单计价模式。
◆施工图预算编制方法包括工料单价法和综合单价法。
◆工程预算批准后，一般情况下不得调整。在出现重大设计变更、政策性调整及不可抗力等情况时可以调整。

 这是多选题的命题素材。

【考点 3】市政公用工程工程量清单计价的应用（☆☆☆☆☆）
[13、15、21 年单选，20 年多选，15 年案例]

1. 工程量清单计价有关规定

◆工程量清单应采用综合单价计价。
◆工程造价应由分部分项工程费、措施项目费、其他项目费、规费和税金组成。
◆综合单价是由人工费、材料费、施工机具使用费和企业管理费与利润，以及一定范围内的风险费用组成。
◆安全文明施工费不得作为竞争性费用。
◆规费和税金不得作为竞争性费用。

 这是选择题很好的采分点。

2. 因工程量清单漏项或非承包人原因造成增加新的工程量清单项目综合单价的确定方法

因工程量清单漏项或非承包人原因造成增加新的工程量清单项目综合单价的确定方法

- 合同中已有适用的综合单价，按合同中已有的综合单价确定
- 合同中有类似的综合单价，参照类似的综合单价确定
- 合同中没有适用或类似的综合单价，由承包人提出综合单价，经发包人确认后执行

图 1K420020-1　因工程量清单漏项或非承包人原因造成增加新的工程量清单项目综合单价的确定方法

 在 2012 年的考题中有一个案例题就是考核的这个内容，不过那个案例题出得特别妙，需要考生来判断符合哪一条，建议考生找到这个题目学习一下。

3. 因不可抗力事件导致的费用的分担原则

◆ 工程本身的损害、因工程损害导致第三方人员伤亡和财产损失以及运至施工现场用于施工的材料和待安装的设备的损害，由发包人承担；
◆ 发包人、承包人人员伤亡由其所在单位负责，并承担相应费用；
◆ 承包人施工机具设备的损坏及停工损失，由承包人承担；
◆ 停工期间，承包人应发包人要求留在施工现场的必要的管理人员及保卫人员的费用，由发包人承担；
◆ 工程所需清理、修复费用，由发包人承担。

 我们可以这样来理解：承包人只承担自己的人员伤亡、施工机具设备损坏的责任，其他均由发包人承担。

1K420030　市政公用工程合同管理

【考点1】施工阶段合同履约与管理要求（☆☆☆）[17 年案例]

1. 发包人的义务

◆ 包括：遵守法律；发出开工通知；提供施工场地；协助承包人办理证件和批件；组织设计交底；支付合同价款；组织竣工验收；其他义务。

 为什么没有列出承包人的义务呢？不愿意给考生增加负担，除了发包人的义务，就是承包人的义务了。

2. 合同评价的内容

◆包括：合同订立情况评价；合同履行情况评价；合同管理工作评价；合同条款评价。

 多选题和案例题的命题素材。

【考点2】工程索赔的应用（☆☆☆☆）[21、22年单选，13、14、16、17年案例]

1. 承包人索赔的程序

◆索赔事件发生→提出索赔意向通知→提交索赔申请报告及有关资料→审核索赔申请。

 程序中的时间限制均为28d内，当索赔事件持续进行时，承包方应当阶段性地向监理工程师发出索赔意向通知，在索赔事件终了后28d内，向监理工程师提出索赔的有关资料和最终索赔报告。

2. 索赔项目起止日期计算方法

索赔项目起止日期计算方法　　　　　　　　　　　　　　　表 1K420030-1

索赔事项	索赔起算日	索赔结束日
延期发出图纸	接到中标通知书后第29天	收到图纸及相关资料的日期
恶劣的气候条件	恶劣气候条件开始影响的第1天	恶劣气候条件终止日
工程变更	变更令或下达的变更图纸日期	变更工程完成日
不可预见	承包方未预见的情况开始出现的第1天	承包方未预见的情况终止日
外部环境	监理工程师批准的施工计划受到影响的第1天	协调或外部环境影响自行消失日
监理工程师指令	收到监理工程师书面指令时	按其指令完成某项工作的日期

 在案例题中经常考核发生事件后是否可以提出索赔，如果在背景资料中讲到了发出索赔意向通知的时间，那我们就必须要考虑起止日期是否合理。

【考点3】施工合同风险防范措施（☆☆☆）[20 年单选]

1. 工程常见的风险种类

工程常见的风险种类　　　　　　　表 1K420030-2

技术、经济、法律等方面的风险	业主资信风险	外界环境的风险
在投标报价和工程实施过程中存在一些失误	业主的业绩、管理运作能力、经济状况	工程所在国政治环境的变化
承包商资金供应不足，周转困难	业主的信誉差，有意拖欠或少支付工程款	经济环境的变化
国际工程中还常常出现对当地法律、语言不熟悉，对技术文件、工程说明和规范理解不正确或误解	业主因管理运作能力差经常改变设计方案、实施方案，打乱工程施工秩序，但又不愿意给承包商以补偿	合同所依据的法律变化
		现场条件复杂，干扰因素多
		施工技术难度大，特殊的自然环境
		水电供应、建材供应不能保证
		自然环境的变化

工程所在国政治环境的变化（如发生战争、禁运、罢工、社会动乱等造成工程中断或终止）；经济环境的变化（如通货膨胀、汇率调整、工资和物价上涨）；合同所依据的法律变化（如新的法律颁布，国家调整税率或增加新税种，新的外汇管理政策等）；现场条件复杂，干扰因素多；施工技术难度大，特殊的自然环境（如场地狭小，地质条件复杂，气候条件恶劣）；水电供应、建材供应不能保证等。自然环境的变化（如百年未遇的洪水、地震、台风等，以及工程水文、地质条件的不确定性）。

2. 合同风险的规避、分散和转移

合同风险的规避、分散和转移　　　　　　　表 1K420030-3

项目	内容
规避	充分利用合同条款；增设保值条款；增设风险合同条款；增设有关支付条款；外汇风险的回避；减少承包方资金、设备的投入；加强索赔管理，进行合理索赔
分散和转移	向保险公司投保；向分包商转移部分风险

可以考查多选题。

1K420040 市政公用工程施工成本管理

【考点1】施工成本管理的应用（☆☆☆）[18年单选，20年多选]

1. 施工成本管理的组织机构设置的要求

图 1K420040-1　施工成本管理的组织机构设置的要求

 市政公用工程施工项目具有多变性、流动性、阶段性等特点，这就要求成本管理工作和成本管理组织机构随之进行相应调整，以使组织机构适应施工项目的变化。

2. 施工成本管理方法选用时应遵循的原则

◆包括：实用性原则、坚定性原则、灵活性原则、开拓性原则。

 多选题很好的采分点。

3. 施工成本管理的基本流程

◆包括：成本预测→成本计划→成本控制→成本核算→成本分析→成本考核。

 施工成本管理是项目管理的核心，是对工程项目施工成本活动过程的管理。

【考点2】施工成本目标控制（☆☆☆）

1. 施工成本控制主要依据

施工成本控制要以工程承包合同为依据，以施工成本计划为控制的指导文件。

图 1K420040-2　施工成本控制主要依据

2. 施工成本目标控制的方法

◆包括：制度控制、定额控制、指标控制、价值工程、挣值法。

 这是理论上的方法，挣值法主要是支持项目绩效管理，最核心的目的就是比较项目实际与计划的差异。

【考点3】施工成本核算的应用（☆☆☆）

1. 项目施工成本核算的方法

项目施工成本核算的方法　　　　　　　　　　表 1K420040-1

方法	内容
表格核算法	具有便于操作和表格格式自由的特点，对项目内各岗位成本的责任核算比较实用
会计核算法	核算严密、逻辑性强、人为调教的因素较小、核算范围较大；但对核算人员的专业水平要求很高

 用表格核算法进行项目施工各个岗位成本的责任核算与控制；用会计核算法进行项目成本核算，两者互补。

2. 项目施工成本分析的方法

项目施工成本分析的方法　　　　　　　　　　表 1K420040-2

方法	内容
比较法	将实际指标与目标指标对比；本期实际指标与上期实际指标对比；与本行业平均水平、先进水平对比
因素分析法	分析各种因素对成本形成的影响程度
差额计算法	是利用各个因素的目标值与实际值的差额计算对成本的影响程度
比率法	有相关比率、构成比率和动态比率三种

 多选题的命题素材。

1K420050 市政公用工程施工组织设计

【考点 1】施工组织设计编制的注意事项（☆☆☆☆）
[13、19 年单选，14、15、17 年案例]

1. 施工组织设计的编制与审批人

施工组织设计的编制与审批人　　　　　　　　　　　　　表 1K420050-1

编制人	审批人
项目负责人	企业技术负责人

 施工组织设计还需要加盖公章后方可实施。

2. 施工组织设计的内容

施工组织设计的内容　　　　　　　　　　　　　　　　　表 1K420050-2

内容	说明
工程概况与特点	介绍工程，分析工程特点、施工环境、工程建设条件，明确技术规范及检验标准
施工总体部署	应包括主要工程目标、总体组织安排、总体施工安排、施工进度计划及总体资源配置等
施工平面布置	需要绘制施工现场总平面布置图
施工准备	应根据施工总体部署确定，包括技术准备、现场准备及资金准备
施工技术方案	施工方案是施工组织设计的核心部分
施工保证措施	包括进度、质量、安全、环境保护及文明施工、成本、季节性施工、交通组织、文物保护、应急措施等

 多选题和案例题的采分点。

【考点 2】施工方案确定的依据（☆☆☆）

1. 施工方案的主要内容

◆包括：施工方法、施工机具、施工组织、施工顺序、现场平面布置、技术组织措施。

 施工方法（工艺）是施工方案的核心内容，重点分项工程、关键工序、季节施工还应制定专项施工方案。

2. 施工方法选择的依据

◆包括：工程特点，工期要求，施工组织条件，标书、合同书的要求，设计图纸的要求。

 正确选择施工方法是确定施工方案的关键。

【考点 3】专项施工方案编制与论证的要求（☆☆☆☆☆）
[13、14、15、16、17、18、20 年案例]

1. 超过一定规模的危险性较大的分部分项工程范围

超过一定规模的危险性较大的分部分项工程范围　　　　　　　　　　表 1K420050-3

类别	工程范围
深基坑工程	开挖深度超过 5m（含 5m）的基坑（槽）的土方开挖、支护、降水工程
模板工程及支撑体系	①各类工具式模板工程：包括滑模、爬模、飞模、隧道模等工程。 ②混凝土模板支撑工程：搭设高度 8m 及以上；或搭设跨度 18m 及以上，或施工总荷载（设计值）15kN/m^2 及以上，或集中线荷载（设计值）20kN/m 及以上。 ③承重支撑体系：用于钢结构安装等满堂支撑体系，承受单点集中荷载 700kN 以上
起重吊装及安装拆卸工程	①采用非常规起重设备、方法，且单件起吊重量在 100kN 及以上的起重吊装工程。 ②起重量 300kN 及以上，或搭设高度 200m 及以上，或搭设基础标高在 200m 及以上起重机械安装和拆除工程
脚手架工程	①搭设高度 50m 及以上落地式钢管脚手架工程。 ②提升高度在 150m 及以上的附着式脚手架工程或附着式升降操作平台工程。 ③分段架体搭设高度 20m 及以上的悬挑式脚手架工程
拆除工程	①码头、桥梁、高架、烟囱、水塔或拆除中容易引起有毒有害气（液）体或粉尘扩散、易燃易爆事故发生的特殊建（构）筑物的拆除工程。 ②文物保护建筑、优秀历史建筑或历史文化风貌区影响范围内的拆除工程
暗挖工程	采用矿山法、盾构法、顶管法施工的隧道、洞室工程
其他	①施工高度 50m 及以上的建筑幕墙安装工程。 ②跨度大于 36m 及以上的钢结构安装工程，或跨度 60m 及以上的网架和索膜结构安装工程。 ③开挖深度 16m 及以上的人工挖孔桩工程。 ④水下作业工程。 ⑤重量 1000kN 及以上的大型结构整体顶升、平移、转体等施工工艺。 ⑥采用新技术、新工艺、新材料、新设备可能影响工程施工安全，尚无国家、行业及地方技术标准的分部分项工程

 施工单位应当在危险性较大的分部分项工程施工前编制专项方案；对于超过一定规模的危险性较大的分部分项工程，施工单位应当组织专家对专项方案进行论证。必须要掌握。

2. 专项方案的编制

> ◆ 施工单位应当在危险性较大的分部分项工程（简称"危大工程"）施工前组织工程技术人员编制专项施工方案。
> ◆ 实行施工总承包的，专项施工方案应当由施工总承包单位组织编制。危大工程实行分包的，专项施工方案可以由相关专业分包单位组织编制。
> ◆ 专项施工方案应当由施工单位技术负责人审核签字、加盖单位公章，并由总监理工程师审查签字、加盖执业印章后方可实施。
> ◆ 危大工程实行分包并由分包单位编制专项施工方案的，专项施工方案应当由总承包单位技术负责人及分包单位技术负责人共同审核签字并加盖单位公章。

 这个内容很重要。

3. 专项施工方案应包括的主要内容

超过一定规模的危险性较大的分部分项工程范围　　　　表 1K420050-4

项目	内容
工程概况	危大工程概况和特点、施工平面布置、施工要求和技术保证条件
编制依据	相关法律、法规、规范性文件、标准、规范及施工图设计文件、施工组织设计等
施工计划	包括施工进度计划、材料与设备计划
施工工艺技术	技术参数、工艺流程、施工方法、操作要求、检查要求等
施工安全保证措施	组织保障措施、技术措施、监测监控措施等
施工管理及作业人员配备和分工	施工管理人员、专职安全生产管理人员、特种作业人员、其他作业人员等
验收要求	验收标准、验收程序、验收内容、验收人员等
应急处置措施	—
计算书及相关施工图纸	—

 案例题的采分点。

4. 专项施工方案的专家论证

专项方案的专家论证　　　　表 1K420050-5

项目	内容
组织者	施工单位应当组织召开专家论证会对专项施工方案进行论证。实行施工总承包的，由施工总承包单位组织召开专家论证会
审核和审查	专家论证前专项施工方案应当通过施工单位审核和总监理工程师审查

续表

项目	内容
专家论证会的参会人员	（1）专家。 （2）建设单位项目负责人。 （3）有关勘察、设计单位项目技术负责人及相关人员。 （4）总承包单位和分包单位技术负责人或授权委派的专业技术人员、项目负责人、项目技术负责人、专项施工方案编制人员、项目专职安全生产管理人员及相关人员。 （5）监理单位项目总监理工程师及专业监理工程师
专家组成员构成	专家应当从地方人民政府住房城乡建设主管部门建立的专家库中选取，符合专业要求且人数不得少于 5 名。与本工程有利害关系的人员不得以专家身份参加专家论证会
专家论证的主要内容	（1）专项施工方案内容是否完整、可行。 （2）专项施工方案计算书和验算依据、施工图是否符合有关标准规范。 （3）专项施工方案是否满足现场实际情况，并能够确保施工安全
论证报告	专项方案经论证后，专家组应当提交论证报告，对论证的内容提出明确的意见，并在论证报告上签字

 案例题经常会考核。

5. 专项施工方案实施

◆施工单位应当在施工现场显著位置公告危大工程名称、施工时间和具体责任人员，并在危险区域设置安全警示标志。

◆专项施工方案实施前，编制人员或者项目技术负责人应当向施工现场管理人员进行方案交底。施工现场管理人员应当向作业人员进行安全技术交底，并由双方和项目专职安全生产管理人员共同签字确认。

◆施工单位应当严格按照专项施工方案组织施工，不得擅自修改专项施工方案。

◆监理单位应当结合危大工程专项施工方案编制监理实施细则，并对危大工程施工实施专项巡视检查。

◆对于按照规定需要进行第三方监测的危大工程，建设单位应当委托具有相应勘察资质的单位进行监测。监测单位应当编制监测方案。监测方案由监测单位技术负责人审核签字并加盖单位公章，报送监理单位后方可实施。

◆对于按照规定需要验收的危大工程，施工单位、监理单位应当组织相关人员进行验收。验收合格的，经施工单位项目技术负责人及总监理工程师签字确认后，方可进入下一道工序。

◆危大工程验收合格后，施工单位应当在施工现场明显位置设置验收标识牌，公示验收时间及责任人员。

◆施工单位应当将专项施工方案及审核、专家论证、交底、现场检查、验收及整改等相关资料纳入档案管理。监理单位应当将监理实施细则、专项施工方案审查、专项巡视检查、验收及整改等相关资料纳入档案管理。

 考生注意到了吗？有关专项施工方案的知识点我们总结得比较多，可想而知该知识点的重要程度。

【考点4】交通导行方案设计的要点（☆☆☆☆☆）
[13、15、16、17、20、21年案例]

1. 交通导行方案设计原则

◆满足社会交通流量，保证高峰期的需求，选取最佳方案并制定有效的保护措施。
◆要有利于施工组织和管理，确保车辆行人安全顺利通过施工区域；以使施工对人民群众、社会经济生活的影响降到最低。
◆应纳入施工现场管理，交通导行应根据不同的施工阶段设计交通导行方案，一般遵循占一还一，即占用一条车道还一条施工便道的原则。
◆交通导行图应与现场平面布置图协调一致。
◆采取不同的组织方式，保证交通流量、高峰期的需要。

 交通导行方案设计也是一个很重要的采分点。

2. 交通导行方案实施

交通导行方案实施   表 1K420050-6

项目	内容
批准后组织实施	占用慢行道和便道要获得交通管理和道路管理部门的批准，按照获准的交通疏导方案修建临时施工便线、便桥
	设置围挡，严格控制临时占路范围和时间，确保车辆行人安全顺利通过施工区域
	设置临时交通导行标志，设置路障、隔离设施
	组织现场人员协助交通管理部门疏导交通
交通导行措施	严格划分警示区、上游过渡区、缓冲区、作业区、下游过渡区、终止区范围
	统一设置各种交通标志、隔离设施、夜间警示信号
	严格控制临时占路时间和范围，特别是分段导行时必须严格执行获准方案
	对作业工人进行安全教育、培训、考核，并应与作业队签订《施工交通安全责任合同》
	依据现场变化，及时引导交通车辆，为行人提供方便
保证措施	在主要道路交通路口设专职交通疏导员
	沿街居民出入口要设置足够的照明装置，必要处搭设便桥

 交通导行方案设计的内容不是很多，要全部了解。

【考点 5】施工现场布置与管理的要点（☆☆☆☆）
[19 年单选，18 年多选，13、21 年案例]

1. 施工现场封闭管理

施工现场封闭管理　　　　　　　　　　表 1K420050-7

项目	内容
围挡（墙）	应沿工地四周连续设置
	宜选用砌体、金属材板等硬质材料，不宜使用彩布条、竹篱笆或安全网等
	施工现场的围挡一般应不低于 1.8m，在市区内应不低于 2.5m
	禁止在围挡内侧堆放泥土、砂石等散状材料以及架管、模板等
大门和出入口	应在适当位置留有供紧急疏散的出口
警示标牌布置与悬挂	在施工现场的危险部位和有关设备、设施上设置安全警示标志
	施工现场入口处、施工起重机具（械）、临时用电设施、脚手架、出入通道口、楼梯口、电梯井口、孔洞口、桥梁口、隧道口、基坑边沿、爆破物及有害危险气体和液体存放处等应当设置明显的安全警示标志，必要时设置重大危险源公示牌

 在爆破物及有害危险气体和液体存放处设置禁止烟火、禁止吸烟等禁止标志；在施工机具旁设置当心触电、当心伤手等警告标志；在施工现场入口处设置必须戴安全帽等指令标志；在通道口处设置安全通道等指示标志；在施工现场的沟、坎、深基坑等处，夜间要设红灯示警。

2. 五牌一图

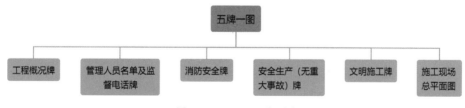

图 1K420050-1　五牌一图

 有些地区还要签署文明施工承诺书，制作文明施工承诺牌，内容包括：泥浆不外流、轮胎不沾泥、管线不损坏、渣土不乱抛、爆破不扰民、夜间少噪声。

3. 施工现场场地与道路

◆ 应设置排水沟及沉淀池，现场废水未经允许不得直接排入市政污水管网与河流。
◆ 地面应进行防渗漏处理。对粉尘源进行覆盖遮挡。
◆ 主干道应当有排水措施，硬化材料可以采用混凝土、预制块或用石屑、焦渣、砂石等压实整平。
◆ 道路应当中间起拱，两侧设排水设施，主干道宽度不宜小于 3.5m，载重汽车转弯半径不宜小于 15m。

直击考点 该知识点的采分点相对较少。

4. 临时设施搭设与管理

临时设施搭设与管理 表 1K420050-8

项目	内容
职工宿舍	不得在尚未竣工建筑物内设置员工集体宿舍
	必须设置可开启式窗户，宽 0.9m、高 1.2m，设置外开门
	室内净高不得小于 2.5m，通道宽度不得小于 0.9m
	宿舍内的单人铺不得超过 2 层，严禁使用通铺
	宿舍用电单独配置漏电保护器、断路器
	每间宿舍应配备一个灭火器材
食堂	远离厕所、垃圾站、有毒有害场所等污染源的地方
	应设置独立的制作间、储藏间；燃气罐应单独设置存放间
	食堂制作间灶台及其周边应贴瓷砖，瓷砖的高度不宜小于 1.5m；地面应做硬化和防滑处理
	食堂外应设置密闭式泔水桶
厕所	施工现场应设置水冲式或移动式厕所，厕所地面应硬化
	蹲坑间宜设置隔板，隔板高度不宜低于 0.9m
仓库	水泥仓库应当选择地势较高、排水方便、靠近搅拌机的地方
	易燃、易爆和剧毒物品不得与其他物品混放
照明灯具	白炽灯、碘钨灯、卤素灯不得用于建设工地生产、办公室、生活区等区域的照明

直击考点 该内容在案例题中经常会考核。

5. 主要材料半成品的堆放要求

主要材料半成品的堆放要求　　　　　　　　　表 1K420050-9

材料半成品	堆放要求
钢筋	应当堆放整齐，用方木垫起，不宜放在潮湿处和暴露在外
砖	应丁码成方垛，不准超高并距沟槽坑边不小于 0.5m
砂	应堆成方，石子应当按不同粒径规格分别堆放成方
各种模板	应当按规格分类堆放整齐，地面应平整坚实，叠放高度一般不宜超高 1.6m
混凝土构件	多层构件的垫木要上下对齐，垛位不准超高

 作为了解的内容，学习一下就可以。

6. 施工现场的卫生管理要求

◆当施工现场作业人员发生法定传染病、食物中毒、急性职业中毒时，必须在 2h 内向事故发生所在地建设行政主管部门和卫生防疫部门报告。
◆炊事人员必须持有所在地区卫生防疫部门办理的身体健康证，岗位培训合格证。
◆食堂必须有卫生许可证。

 把考试用书中可以用来命题的内容整理出三条。

【考点 6】环境保护管理的要点（☆☆☆）[17、21 年案例]

1. 防治大气污染的要求

◆施工场地的主要道路、料场、生活办公区域应按规定进行硬化处理。
◆裸露的场地和集中堆放的土方应采取覆盖、固化、绿化、洒水降尘措施。
◆使用密闭式防尘网对在建建筑物、构筑物进行封闭。
◆拆除旧有建筑物时，应采用隔离、洒水等措施防止施工过程扬尘。
◆不得在施工现场熔融沥青，严禁在施工现场焚烧含有有毒、有害化学成分的装饰废料、油毡、油漆、垃圾等各类废弃物。
◆施工现场混凝土搅拌场所应采取封闭、降尘措施；水泥和其他易飞扬的细颗粒建筑材料应密闭存放，砂石等散料应采取覆盖措施。
◆施工垃圾的清运，应采用专用封闭式容器吊运或传送，严禁凌空抛撒。
◆从事土方、渣土和施工垃圾运输应采用密闭式运输车辆或采取覆盖措施。

 可作为判断正确与否的选择题和改错的案例题的命题素材。

2. 防治水污染的要求

◆施工场地应设置排水沟及沉淀池，污水按照规定排入市政污水管道或河流，泥浆应采用专用罐车外弃。

◆食堂应设置隔油池，并应及时清理。

◆厕所的化粪池应进行抗渗处理。

◆食堂、盥洗室、淋浴间的下水管线应设置隔离网，并应与市政污水管线连接。

◆给水管道严禁取用污染水源施工。

 可作为判断正确与否的选择题和改错的案例题的命题素材。

3. 防治施工噪声污染的要求

◆在噪声敏感建筑物集中区域，禁止夜间进行产生噪声的建筑施工作业，但抢修、抢险施工作业，因生产工艺要求或者其他特殊需要必须连续施工作业的除外。

◆因特殊需要必须连续施工作业的，应当取得地方人民政府住房城乡建设、生态环境主管部门或者地方人民政府指定部门的证明，并在施工现场显著位置公示或者以其他方式公告附近居民。

◆夜间运输材料的车辆进入施工现场，严禁鸣笛。

◆在噪声敏感建筑物集中区域施工作业，应当优先使用低噪声施工工艺和设备。

◆对使用时产生噪声和振动的施工机具，应当采取消声、吸声、隔声等有效控制和降低噪声措施。

◆禁止在夜间进行打桩作业。

◆在规定的时间内不得使用空压机等噪声大的机具设备，如必须使用，需采用隔声棚降噪。

 可作为判断正确与否的选择题和改错的案例题的命题素材。

【考点7】劳务管理的有关要点（☆☆☆）

1. 实名制管理的内容

◆包括：个人身份证、个人执业注册证或上岗证件、个人工作业绩、个人劳动合同或聘用合同。

 多选题或补充型案例题的命题素材。

2. IC卡可实现的管理功能

◆包括：人员信息管理、工资管理、考勤管理、门禁管理。

 多选题或补充型案例题的命题素材。

1K420070 市政公用工程施工进度管理

【考点1】施工进度计划编制方法的应用（☆☆☆☆）[17年单选，13、14、16年案例]

1. 列举法确定双代号网络图的关键线路和总工期

【思路】逐条计算取最大值。

【例题】确定如下图所示的双代号网络图的关键线路和计算工期。

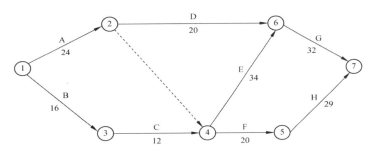

图1K420070-1　双代号网络图（时间单位：d）

【步骤】第1步：列举线路，并计算每条线路的持续时间之和。

每条线路的持续时间之和　　　　　　　　　　　　　表 1K420070-1

序号	列举线路	计算持续时间之和（d）
1	①②⑥⑦	24 ＋ 20 ＋ 32=76
2	①②④⑥⑦	24 ＋ 34 ＋ 32=90
3	①②④⑤⑦	24 ＋ 20 ＋ 29=73
4	①③④⑥⑦	16 ＋ 12 ＋ 34 ＋ 32=94
5	①③④⑤⑦	16 ＋ 12 ＋ 20 ＋ 29=77

第2步：确定总工期和关键线路。持续时间之和的最大值就是总工期。持续时间之和最大值对应的线路就是关键线路。

该双代号网络图的总工期为94d，关键线路为：①→③→④→⑥→⑦。

2. 取最小值法计算双代号网络图中各工作总时差

【思路】一找、一加、一减、取小。

【例题】计算如下图所示的双代号网络图中工作 A_3 的总时差。

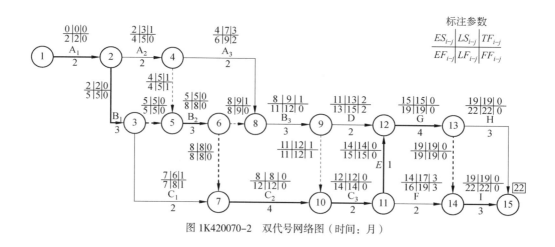

图 1K420070-2　双代号网络图（时间：月）

【步骤】第1步：找出经过该工作的所有线路（一找）；计算各条线路中所有工作的持续时间之和（一加）。

找出经过工作 A_3 的所有线路（5条），计算这5条条线路中所有工作的持续时间之和，见下表。

<h3 style="text-align:center">每条线路的持续时间之和</h3>

表 1K420070-2

序号	列举线路	计算持续时间之和（月）
1	①②④⑧⑨⑫⑬⑮	2＋2＋2＋3＋2＋4＋3=18
2	①②④⑧⑨⑫⑬⑭⑮	2＋2＋2＋3＋2＋4＋3=18
3	①②④⑧⑨⑩⑪⑫⑬⑮	2＋2＋2＋3＋2＋1＋4＋3=19
4	①②④⑧⑨⑩⑪⑫⑬⑭⑮	2＋2＋2＋3＋2＋1＋4＋3=19
5	①②④⑧⑨⑩⑪⑭⑮	2＋2＋2＋3＋2＋2＋3=16

第2步：分别用计算工期减去各条线路的持续时间之和（一减）；取相减后的最小值就是该工作的总时差（取小）。

工作 A_3 的总时差为：min{(22−18)，(22−19)，(22−16)}=3 个月。

 在案例题中不要求我们写出计算总时差的步骤，我们选择一个自己擅长的方法来计算就可以。

【考点2】施工进度计划调控措施（☆☆☆）[16年案例]

1. 施工进度计划调整的内容

◆包括：工程量、起止时间、持续时间、工作关系、资源供应。

 多选题或补充型案例题的命题素材。

1K420080 市政公用工程施工质量管理

【考点1】质量计划编制注意事项（☆☆☆）

1. 制定市政公用工程质量计划的目的

◆满足合同的要求及项目制定的质量目标。
◆对质量管理体系、机具应用、材料及试验进行管理，制定具体的质量措施。
◆明确环境对质量控制的影响。
◆制定施工过程质量监测的策划，降低质量风险。

 了解一下。

2. 质量计划的编制与实施

◆质量计划应由施工项目负责人主持编制，项目技术负责人负责审核并报企业相关管理部门及企业技术负责人批准并得到监理单位认可后实施。

 质量计划应体现从工序、分项工程、分部工程到单位工程的过程控制，且应体现从资源投入、质量风险控制、特殊过程控制到完成工程施工质量最终检验试验的全过程控制。

【考点2】质量计划实施要点（☆☆☆）[13、14年案例]

◆项目负责人对质量控制负责。
◆承包方就工程施工质量和质量保修工作向发包方负责。分包工程的质量由分包方向承包方负责。承包方就分包方的工程质量向发包方承担连带责任。分包方应接受承包方的质量管理。
◆质量控制应实行样板制和首段验收制。
◆施工准备阶段质量控制的重点是质量计划和技术准备。
◆项目技术负责人应定期组织具备资质的质检人员进行内部质量审核。
◆质量控制应坚持"质量第一，预防为主"的方针和实施"计划、执行、检查、处理"（PDCA）循环工作方法，不断改进过程控制。

 注意区分项目负责人和项目技术负责人的责任，尤其要掌握发包方、承包方、分包方的质量责任。

【考点3】施工准备阶段质量管理措施（☆☆☆）

◆ 项目部进场后应由技术负责人组织工程现场和周围环境调研和详勘。
◆ 建立以项目经理为第一责任人的管理组织机构和质量管理体系。
◆ 建设单位负责组织图纸会审并记录，设计单位对图纸内容及相关问题进行交底。

 了解一下。

【考点4】施工质量控制要点（☆☆☆）[14、17年案例]

1. 施工质量因素控制

施工质量因素控制   表 1K420080-1

因素	控制
施工人员	配备相应技能人员、关键岗位工种符合要求、绩效考核、实名制管理
材料	材料进场必须检验、对承包方自行采购的物资应报监理工程师进行验证
机具（械）设备	进场的施工机具（械）应经检测合格

 了解的内容。

2. 施工过程质量控制

施工过程质量控制   表 1K420080-2

过程	控制
分项工程（工序）	施工前应对作业人员进行书面技术交底，交底内容包括工具及材料准备、施工技术要点、质量要求及检查方法、常见问题及预防措施
	在施工过程中，施工方案、技术措施及设计变更实施前，项目技术负责人应对执行人员进行书面交底
特殊过程控制	依据一般过程质量控制要求编制针对性作业指导书，应经项目部或企业技术负责人审批后执行
不合格产品	按返工、返修，让步接收，降级使用，拒收（报废）四种情况进行处理
	对影响建筑主体结构安全和使用功能不合格的产品，应邀请发包方代表或监理工程师、设计人共同确定处理方案，报工程所在地建设主管部门批准

 这个内容相对来说要重要一些。

142

1K420090 城镇道路工程质量检查与检验

【考点1】无机结合料稳定基层施工质量检查与验收（☆☆☆）[20年案例]

1. 无机结合料稳定基层施工质量检查

无机结合料稳定基层施工质量检查　　　　　　　　　表 1K420090-1

一	石灰稳定土基层	水泥稳定土基层	石灰、粉煤灰稳定砂砾基层
材料	磨细生石灰，可不经消解直接使用，块灰应在使用前 2～3d 完成消解，未能消解的生石灰块应筛除，消解石灰的粒径不得大于 10mm	应采用初凝时间大于 3h，终凝时间不小于 6h 的 42.5 级及以上普通硅酸盐水泥，32.5 级及以上矿渣硅酸盐水泥、火山灰硅酸盐水泥	石灰要求同石灰稳定土。粉煤灰中 SiO_2、Al_2O_3 和 Fe_2O_3 总量宜大于 70%
	宜采用塑性指数为 10～15 的粉质黏土、黏土	宜选用粗粒土、中粒土	—
	—	粒料可选用级配碎石、砂砾、未筛分碎石、碎石土、砾石和煤矸石、粒状矿渣等材料	砂砾应经破碎、筛分，破碎砂砾中最大粒径不得大于 37.5mm
	—	集料中有机质含量不得超过 2%；集料中硫酸盐含量不得超过 0.25%	—
	宜使用饮用水或不含油类等杂质的清洁中性水		
施工	控制虚铺厚度，确保基层厚度和高程，其路拱横坡应与面层要求一致	宜采用摊铺机械摊铺，施工前应通过试验确定压实系数	混合料在摊铺前其含水量宜为最佳含水量的允许范围偏差内
	严禁用薄层贴补的办法找平	自拌合至摊铺完成，不得超过 3h。分层摊铺时，应在下层养护 7d 后，方可摊铺上层材料	—
	—	宜在水泥初凝时间到达前碾压成活	—
	石灰土应湿养，养护期不宜少于 7d	宜采用洒水养护，保持湿润。常温下成活后应经 7d 养护	应在潮湿状态下养护，养护期视季节而定，常温下不宜少于 7d
图例			

 直击考点　对比着学习，有助于更好记忆。

2. 无机结合料稳定基层质量检验的主要项目

◆ 包括：基层压实度、7d 无侧限抗压强度。

 很好的命题素材。

【考点 2】沥青混合料面层施工质量检查与验收（☆☆☆）[15、19 年多选]

1.《城镇道路工程施工与质量验收规范》CJJ 1—2008 对沥青混合料面层施工质量的规定

《城镇道路工程施工与质量验收规范》CJJ 1—2008 中沥青混合料面层施工质量规定　表 1K420090-2

项目	内容
外观质量要求	用 10t 以上压路机碾压后，不得有明显轮迹
检测与验收项目	压实度、厚度、弯沉值、平整度、宽度、中线偏位、纵断高程、横坡、井框与路面高差、抗滑性能等
主控项目	原材料、压实度、面层厚度、弯沉值

 沥青混合料面层压实度采用马歇尔击实试件密度或试验室标准密度，对城市快速路、主干路不应小于 96%；对次干路及以下道路不应小于 95%。面层厚度采用钻孔或刨挖，用钢尺量。弯沉值采用弯沉仪检测。

2.《沥青路面施工及验收规范》GB 50092—96 对沥青混合料路面施工质量的规定

《沥青路面施工及验收规范》GB 50092—96 中沥青混合料面层施工质量规定　表 1K420090-3

项目	质量检查项目
施工过程	外观、接缝、施工温度、矿料级配、沥青用量、马歇尔试验指标、压实度等；同时还应检查厚度、平整度、宽度、纵断面高程、横坡度等外形尺寸
竣工验收	面层总厚度、上面层厚度、平整度（标准差 σ 值）、宽度、纵断面高程、横坡度、沥青用量、矿料级配、压实度、弯沉值等；抗滑表层还应检查构造深度、摩擦系数（摆值）等

 相同的项目用红色做了标记。

【考点3】水泥混凝土面层施工质量检查与验收(☆☆☆)[16、17年单选，15年多选]

1. 水泥混凝土面层原材料控制

水泥混凝土面层原材料控制　　　　　　　　　　　　　　　　表 1K420090-4

材料	控制要求
水泥	重交通以上等级道路、城市快速路、主干路应采用42.5级及以上的道路硅酸盐水泥或硅酸盐水泥、普通硅酸盐水泥；中、轻交通等级道路可采用矿渣水泥，其强度等级宜不低于32.5级
粗集料	应采用质地坚硬、耐久、洁净的碎石、砾石、破碎砾石
砂	宜采用质地坚硬、细度模数在2.5以上、符合级配规定的洁净粗砂、中砂，城市快速路、主干路宜采用一级砂和二级砂。海砂不得直接用于混凝土面层
外加剂	宜使用无氯盐类的防冻剂、引气剂、减水剂等
钢筋	不得有锈蚀、裂纹、断伤和刻痕等缺陷
胀缝板	宜用厚20mm，水稳定性好，具有一定柔性的板材制作，且经防腐处理
填缝材料	宜用树脂类、橡胶类、聚氯乙烯胶泥类、改性沥青类填缝材料，并宜加入耐老化剂

 直击考点　多选题的命题素材。

2. 水泥混凝土面层的混凝土配合比、拌合、运输、摊铺、振实、养护

水泥混凝土面层的混凝土配合比、拌合、运输、摊铺、振实、养护　　　　表 1K420090-5

项目	控制
配合比	在兼顾经济性的同时应满足弯拉强度、工作性、耐久性三项技术要求
拌合	每盘的搅拌时间应根据搅拌机的性能和拌合物的和易性、均质性、强度稳定性确定
运输	一般采用混凝土罐车运送
摊铺	摊铺前应全面检查模板的间隔、高度、润滑、支撑稳定情况和基层的平整、润湿情况及钢筋位置、传力杆装置等
振实	控制混凝土振捣时间，防止过振
做面	做面时宜分两次进行。严禁在面板上洒水、撒水泥粉
养护	抹平后沿横坡向拉毛或压槽。拉毛和压槽深度应为 1～2mm

 直击考点　这是整理了可以作为采分点的内容。

【考点4】冬、雨期施工质量保证措施（☆☆☆☆）[19年单选，16、22年案例]

1. 雨期施工质量控制

雨期施工质量控制　　　　　　　　　　　　　　　　　　　　　　　表 1K420090-6

项目	控制措施
路基	分段开挖，切忌全面开挖或挖段过长。坚持当天挖完、填完、压完，不留后患
基层	坚持拌多少、铺多少、压多少、完成多少
面层	沥青面层不允许下雨时或下层潮湿时施工

 直击考点　注意与冬期施工控制的区别。

2. 冬期施工质量控制

冬期施工质量控制　　　　　　　　　　　　　　　　　　　　　　　表 1K420090-7

项目	控制措施
路基	城市快速路、主干路的路基不得用含有冻土块的土料填筑。次干路以下道路填土材料中冻土块最大尺寸不得大于 100mm，冻土块含量应小于 15%
基层	石灰及石灰粉煤灰稳定土（粒料、钢渣）类基层，宜在进入冬期前 30 ～ 45d 停止施工
	水泥稳定土（粒料）类基层，宜在进入冬期前 15 ～ 30d 停止施工
沥青混凝土面层	城市快速路、主干路的沥青混合料面层严禁冬期施工。次干路及其以下道路在施工温度低于 5℃时，应停止施工
	粘层、透层、封层严禁冬期施工
水泥混凝土面层	混凝土拌合料温度应不高于 35℃
	拌合物中不得使用带有冰雪的砂、石料，可加防冻剂、早强剂，搅拌时间适当延长
	混凝土板弯拉强度低于 1MPa 或抗压强度低于 5MPa 时，不得受冻
	混凝土板摊铺混凝土时气温不低于 5℃

 直击考点　当施工现场环境日平均气温连续 5d 低于 5℃时，或最低环境气温低于 −3℃时，应视为进入冬期施工。

146

【考点 5】压实度的检测方法与评定标准（☆☆☆☆）[16、19 年单选]

1. 压实度的测定

压实度的测定　　　　　　　　　　　　　　　　　　　表 1K420090-8

项目	方法	内容
路基、基层	环刀法	适用于细粒土及无机结合料稳定细粒土的密度和压实度检测
	灌砂法	用于土路基压实度检测；不宜用于填石路堤等大空隙材料的压实检测
沥青路面	钻芯法检测	现场钻芯取样送试验室试验，以评定沥青面层的压实度
	核子密度仪检测	检测各种土基的密实度和含水率，采用直接透射法测定；检测路面或路基材料的密度和含水率时采用散射法，并换算施工压实度

直击考点 具体的方法可以作为多选题的命题素材。

2. 路基压实度标准

路基压实度标准　　　　　　　　　　　　　　　　　　　表 1K420090-9

填挖类型	路床顶面以下深度（cm）	道路类型	压实度（%）	检验频率 范围	检验频率 点数	检验方法
挖方	0～30	快速路、主干路	≥95			
		次干路	≥93			
		支路	≥90			
填方	0～80	快速路、主干路	≥95	每 1000m²	每层一组（3点）	细粒土用环刀法，粗粒土用灌水法或灌砂法
		次干路	≥93			
		支路	≥90			
	>80～150	快速路、主干路	≥93			
		次干路	≥90			
		支路	≥90			
	>150	快速路、主干路	≥90			
		次干路	≥90			
		支路	≥87			

直击考点 路基、基层工程施工质量检验项目中压实度均为主控项目，必须达到 100% 合格。

3. 路面压实度标准

路面压实度标准　　　　　　　　　　表 1K420090-10

路面类型	道路类型	压实度（%）	检验频率		检验方法
			范围	点数	
热拌沥青混合料	快速路、主干路	≥ 96	每 1000m²	1	查试验记录
	次干路	≥ 95			
	支路	≥ 95			
冷拌沥青混合料	—	≥ 95			查配合比、复测
沥青贯入式	—	≥ 90			灌水法、灌砂法、蜡封法

 沥青路面工程施工质量检验项目中压实度均为主控项目，必须达到 100% 合格。

1K420100 城市桥梁工程质量检查与验收

【考点1】钻孔灌注桩施工质量事故预防措施（☆☆☆☆☆）
　　　　　　　 [18、22 年多选，14、21 年案例]

1. 钻孔灌注桩塌孔与缩径的主要原因

◆包括：地层复杂、钻进速度过快、护壁泥浆性能差、成孔后放置时间过长没有灌注混凝土。

 钻（冲）孔灌注桩穿过较厚的砂层、砾石层时，成孔速度应控制在 2m/h 以内，若孔内自然造浆不能满足以上要求时，可采用加黏土粉、烧碱、木质素的方法，改善泥浆的性能，通过对泥浆的除砂处理，可控制泥浆的密度和含砂率。没有特殊原因，钢筋骨架安装后应立即灌注混凝土。

2. 钻孔灌注桩桩端持力层为强风化岩或中风化岩层时判定岩层界面的措施

◆ 包括：地质资料、钻机的受力、主动钻杆的抖动情况、孔口捞样。

 对于非岩石类持力层，判断比较容易，可根据地质资料，结合现场取样进行综合判定。

3. 水下混凝土灌注和桩身混凝土质量问题的主要原因和预防措施

水下混凝土灌注和桩身混凝土质量问题的主要原因和预防措施　　表 1K420100-1

质量问题	主要原因	预防措施
灌注混凝土时堵管	灌注导管破漏、灌注导管底距孔底深度太小、完成二次清孔后灌注混凝土的准备时间太长、隔水栓不规范、混凝土配制质量差、灌注过程中灌注导管埋深过大等	安装前应有专人负责检查，灌注导管是否存在孔洞和裂缝、接头是否密封、厚度是否合格
		灌注导管使用前应进行水密承压和接头抗拉试验，严禁用气压
		在灌浆设备初灌量足够的条件下，应尽可能取大值
		完成第二次清孔后，应立即开始灌注混凝土，若因故推迟灌注混凝土，应重新进行清孔
钢筋骨架上浮	混凝土初凝和终凝时间太短	除认真清孔外，当灌注的混凝土面距钢筋骨架底部 1m 左右时，应降低灌注速度。当混凝土面上升到骨架底口 4m 以上时，提升导管，使导管底口高于骨架底部 2m 以上，然后恢复正常灌注速度
	清孔时孔内泥浆悬浮的砂粒太多	
	混凝土灌注至钢筋骨架底部时，灌注速度太快	
桩身混凝土强度低或混凝土离析	施工现场混凝土配合比控制不严、搅拌时间不够和水泥质量差	严格把好进厂水泥的质量关，控制好施工现场混凝土配合比，掌握好搅拌时间和混凝土的和易性
桩身混凝土夹渣或断桩	初灌混凝土量不够	导管的埋置深度宜控制在 2～6m 之间。混凝土灌注过程中拔管应有专人负责指挥，并分别采用理论灌入量计算孔内混凝土面和重锤实测孔内混凝土面，取两者的低值来控制拔管长度，确保导管的埋置深度不小于 1.0m。单桩混凝土灌注时间宜控制在 1.5 倍混凝土初凝时间内
	拔管长度控制不准，导管拔出混凝土面	
	混凝土初凝和终凝时间太短，或灌注时间太长	
	清孔时孔内泥浆悬浮的砂粒太多	
桩顶混凝土不密实或强度达不到设计要求	超灌高度不够、混凝土浮浆太多、孔内混凝土面测定不准	桩顶混凝土灌注完成后应高出设计标高 0.5～1m。对于大体积混凝土的桩，桩顶 10m 内的混凝土还应适当调整配合比，增大碎石含量，减少桩顶浮浆。在灌注最后阶段，孔内混凝土面测定应采用硬杆筒式取样法测定

 多选题和案例题的采分点，我们要对比记忆。

【考点2】大体积混凝土浇筑施工质量检查与验收（☆☆☆☆☆）
[16、21年单选，14年案例]

1. 大体积混凝土裂缝的分类

大体积混凝土裂缝的分类   表 1K420100-2

类型	危害性
表面裂缝	主要是温度裂缝，一般危害性较小，但影响外观质量
深层裂缝	部分地切断了结构断面，对结构耐久性产生一定危害
贯穿裂缝	切断了结构的断面，可能破坏结构的整体性和稳定性，危害性较为严重

 大体积混凝土出现的裂缝按深度不同，分为表面裂缝、深层裂缝和贯穿裂缝三种。

2. 大体积混凝土裂缝发生的原因

◆水泥水化热影响、内外约束条件的影响、外界气温变化的影响、混凝土的收缩变形、混凝土的沉陷裂缝。

 这是不是多选题的命题素材？必须是呀，但也是案例题的命题素材。

3. 大体积混凝土质量控制要点

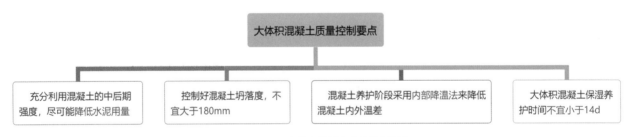

图 1K420100-1 大体积混凝土质量控制要点

 大体积混凝土养护的关键是保持适宜的温度和湿度，以便控制混凝土内外温差，在促进混凝土强度正常发展的同时防止混凝土裂缝的产生和发展。

【考点3】预应力张拉施工质量事故预防措施（☆☆☆）

◆预应力张拉施工应由工程项目技术负责人主持。
◆应编制专项施工方案和作业指导书。
◆预应力用锚具、夹具和连接器按进场的批次抽样复验其硬度、静载锚固试验等，并检查产品合格证、出厂检验报告和进场试验报告。

◆ 预应力筋下料严禁使用电弧焊切割。
◆ 张拉前应根据设计要求对孔道的摩阻损失进行实测，以便确定张拉控制应力，并确定预应力筋的理论伸长值。
◆ 张拉后，应及时进行孔道压浆，宜采用真空辅助法压浆。

 "六不张拉"：没有预应力筋出厂材料合格证、预应力筋规格不符合设计要求、配套件不符合设计要求、张拉前交底不清、准备工作不充分安全设施未做好、混凝土强度达不到设计要求，不张拉。

【考点 4】钢管混凝土浇筑施工质量检查与验收（☆☆☆☆）[19、21 年单选]

钢管混凝土浇筑施工质量检查与验收　　　　　　　　　　表 1K420100-3

项目	质量控制
质量标准	混凝土浇筑的施工质量是验收主控项目，应饱满，应检查超声波检测报告，检查混凝土试件试验报告
基本规定	钢管混凝土应具有低泡、大流动性、收缩补偿、延缓初凝和早强的性能
	钢管混凝土的质量检测应以超声波检测为主，人工敲击为辅
钢管柱混凝土浇筑	混凝土宜连续浇筑，一次完成
钢管拱混凝土浇筑	应采用泵送顶升压注施工，由两拱脚至拱顶对称均衡地连续压注一次完成
	大跨径拱肋钢管混凝土应分环、分段并隔仓由拱脚向拱顶对称均衡压注
	钢管混凝土的泵送顺序宜先钢管后腹箱

 在施工前应检查混凝土压注孔、倒流截止阀、排气孔等。

【考点 5】箱梁混凝土浇筑施工质量检查与验收（☆☆☆）[18 年单选]

箱梁混凝土浇筑主控项目与检验方法　　　　　　　　　　表 1K420100-4

类别	主控项目	检验方法
模板、支架和拱架	模板、支架和拱架制作及安装；立柱基础	观察和用钢尺量
支架上浇筑箱梁	结构表面	观察或用读数放大镜观测
悬臂浇筑	桥墩两侧平衡偏差、轴线挠度	检查监控量测记录
	梁体表面	观察或用读数放大镜观测
	两侧梁体的高差	用水准仪测量，检查测量记录

 重点掌握主控项目，如果考查一般项目，那么排除主控项目，就是一般项目。

1K420110 城市轨道交通工程质量检查与验收

【考点1】地铁车站工程施工质量检查与验收（☆☆☆）[18年单选]

1. 明挖法基坑开挖应进行中间验收的项目

◆基坑平面位置、宽度及基坑高程、平整度、地质描述。
◆基坑降水。
◆基坑放坡开挖的坡度和围护桩及连续墙支护的稳定情况。
◆地下管线的悬吊和基坑便桥稳固情况。

 明挖法基坑开挖土方必须自上而下分层、分段依次开挖，基底经勘察、设计、监理、施工单位验收合格后，应及时施工混凝土垫层。

2. 明挖法结构施工质量控制与验收

◆模板及支架应满足承载力、刚度、整体稳固性要求。
◆用于检验混凝土强度的试件应在浇筑地点随机抽取。
◆底板混凝土应沿线路方向分层留台阶灌注，灌注至高程初凝前，应用表面振捣器振捣一遍后抹面。
◆墙体混凝土左右对称、水平、分层连续灌注，至顶板交界处间歇1~1.5h，然后再灌注顶板混凝土。
◆顶板混凝土连续水平、分台阶由边墙、中墙分别向结构中间方向灌注。
◆混凝土终凝后及时养护，垫层混凝土养护期不得少于7d，结构混凝土养护期不得少于14d。

 混凝土结构施工前，施工单位应制定检测和试验计划，并应经监理单位批准后实施。

3. 明挖法基坑回填质量验收的主控项目

◆包括：土质、含水率，压实厚度，台阶宽度和高度，台阶宽度和高度。

 基坑回填料不应使用淤泥、粉砂、杂土、有机质含量大于8%的腐殖土、过湿土、冻土和大于150mm粒径的石块。

4. 明挖法施工特殊部位防水处理质量控制与验收

◆结构变形缝处的端头模板应钉填缝板，填缝板与嵌入式止水带中心线应和变形缝中心线重合。
◆止水带不得穿孔或用铁钉固定。
◆留置垂直施工缝时，端头模板不设填缝板。
◆顶、底板结构止水带的下侧混凝土应振实，将止水带压紧后方可继续灌注混凝土。
◆结构外墙穿墙管止水环和翼环应与主管连续满焊，并做防腐处理。

 以上内容很适合考查案例题。

【考点2】喷锚支护施工质量检查与验收（☆☆☆）

喷锚支护施工质量检查与验收　　　　　　　　　　　　表 1K420110-1

环节	质量控制
土方开挖	宜用激光准直仪控制中线和隧道断面仪控制外轮廓线
初期支护施工	喷射作业分段、分层进行，喷射顺序由下而上；喷头应保证垂直于工作面，喷头距工作面不宜大于1m；钢筋网的喷射混凝土保护层不应小于20mm
防水层施工	防水卷材固定在初期衬砌面上；采用软塑料类防水卷材时，宜采用热焊固定在垫圈上。焊缝不得有漏焊、假焊、焊焦、焊穿等现象
二次衬砌施工	变形缝应与初期支护变形缝位置重合；止水带安装应在两侧加设支撑筋；浇筑混凝土时不得有移动位置、卷边、跑灰等现象

 本考点相对来说不属于重要考点。

【考点3】盾构法隧道施工质量检查与验收（☆☆☆）

◆钢筋混凝土管片宜采用非碱活性骨料。
◆吊装预埋件首次使用前必须进行抗拉拔试验。
◆管片可采用内弧面向上或单片侧立的方式码放，每层管片之间正确设置垫木。
◆当钢筋混凝土管片表面出现缺棱掉角、混凝土剥落、大于0.2mm宽的裂缝或贯穿性裂缝等缺陷时，必须进行修补。
◆隧道防水以管片自防水为基础，接缝防水为重点，并应对特殊部位进行防水处理。

 总结了可以作为命题的素材。

1K420120 城市给水排水场站工程质量检查与验收

【考点1】给水排水混凝土构筑物防渗漏措施（ ☆☆☆☆ ）[13、19年单选，16年案例]

给水排水混凝土构筑物防渗漏措施　　　　　　　　表1K420120-1

项目	内容
设计应考虑的主要措施	构造配筋应尽可能采用小直径、小间距
施工应采取的措施	降低混凝土的入模温度；控制入模坍落度；合理设置后浇带；减少混凝土结构内外温差

 对于大型给水排水混凝土构筑物，合理地设置后浇带有利于控制施工期间的较大温差与收缩应力，减少裂缝。设置后浇带时，要遵循"数量适当，位置合理"的原则。

【考点2】城市给水工程滤池与滤板施工质量检查与验收（ ☆☆☆ ）

> ◆设备安装前30d，应向建设单位、监理工程师和设备供应商提交施工计划，包括：安装准备，具体每个设备的安装方案、人员安排、施工设施安排等，技术、质量和安全的施工方法。
> ◆滤池内由清水区、滤板、滤料层、浑水区组成。
> ◆滤池内滤板包括支承梁、滤梁、滤板、滤头；滤料层由承托层、滤料（石英砂或无烟煤或炭颗粒）构成；浑水区设进水管和反冲洗集水槽。
> ◆滤板安装不得出现错台。
> ◆滤头安装后须做通气试验。

 考生了解一下。

1K420130 城市管道工程质量检查与验收

【考点1】城市给水、排水管道施工质量检查与验收（ ☆☆☆☆ ）[20、21年案例]

　　1. 土石方与地基处理质量验收标准

> ◆原状地基土不得扰动、受水浸泡或受冻。
> ◆撑板、钢板桩支撑的横撑不得妨碍下管和稳管。
> ◆沟槽不得带水回填，回填应密实。

 三个"不得"。

2. 开槽施工管道质量验收标准

开槽施工管道质量验收标准

（1）原状地基应检查地基处理强度或承载力检验报告、复合地基承载力检验报告

（2）钢管法兰接口的法兰应与管道同心，螺栓自由穿入

（3）球墨铸铁管法兰接口连接时，插口与承口法兰压盖的纵向轴线一致

（4）钢筋混凝土管、预（自）应力混凝土管、预应力钢筒混凝土管刚性接口不得有开裂、空鼓、脱落现象

（5）聚乙烯管、聚丙烯管接口熔焊焊缝焊接力学性能不低于母材

（6）聚乙烯管、聚丙烯管接口热熔对接连接后应检查熔焊连接工艺试验报告和焊接作业指导书，检查熔焊连接施工记录、熔焊外观质量检验记录、焊接力学性能检测报告

图 1K420130-1　开槽施工管道质量验收标准

 案例题的命题素材。

3. 管道附属构筑物质量验收标准

◆砌筑结构不得有通缝、瞎缝。
◆井室无渗水、水珠现象。
◆井壁抹面不得有空鼓、裂缝等现象。
◆雨水口砌筑勾缝不得漏勾、脱落。
◆支墩支承面与管道外壁接触无松动、滑移现象。

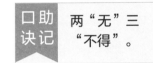
口助诀记　两"无"三"不得"。

4. 管道功能性试验

管道功能性试验　　表 1K420130-1

类型	要求
压力管道水压试验	压力管道安装检查合格后，除接口外，管道两侧及管道以上回填高度不应小于 0.5m
无压管道闭水试验	不开槽施工的内径大于或等于 1500mm 钢筋混凝土管道，设计无要求且地下水位高于管道顶部时，可采用内渗法测渗水量
无压管道闭气试验	闭气试验适用于混凝土类无压管道在回填土前进行的严密性试验
	下雨时不得进行闭气试验

 无压管道应进行管道的严密性试验，严密性试验分为闭水试验和闭气试验，按设计要求确定；设计无要求时，应根据实际情况选择闭水试验或闭气试验进行管道功能性试验。

155

【考点2】城市燃气、供热管道施工质量检查与验收（☆☆☆）[17年单选]

1. 城市燃气、供热管道施工质量控制

城市燃气、供热管道施工质量控制   表 1K420130-2

项目	质量控制
安装	管道环焊缝不得置于建筑物、闸井（或检查室）的墙壁或其他构筑物的结构中。管道支架处不得有焊缝
	严禁采用在焊口两侧加热延伸管道长度、螺栓强力拉紧、夹焊金属填充物和使补偿器变形等方法强行对口焊接
焊接	首次使用的管材、焊材以及焊接方法应在施焊前进行焊接工艺评定，制定焊接工艺指导书
	焊接工艺参数主要包括：坡口形式、焊接材料、预热温度、层间温度、焊接速度、焊接电流、焊接电压、线能量、保护气体流量、后热温度和保温时间等
	焊接质量检验应按对口质量检验、外观质量检验、无损检测、强度和严密性试验的次序进行
法兰连接	法兰不得有砂眼、裂纹、斑点、毛刺等缺陷
	法兰与管道组装时不得使用加偏垫、多层垫或用强紧螺栓的方法消除歪斜
聚乙烯（PE）管道连接	聚乙烯管道连接的方法有热熔连接和电熔连接
管道防腐	基层处理的方法有喷射除锈、工具除锈、化学除锈
管道保温	保温层预制管壳缝隙不得大于 5mm，缝隙内应采用胶泥填充密实

 城市燃气、供热管道安装原则是先大管、后小管，先主管、后支管，先下部管、后上部管。

2. 严禁进行焊接作业的情况

 多选题的命题素材。

◆ 焊条电弧焊时风速大于 8m/s（相当于 5 级风）；
◆ 气体保护焊时风速大于 2m/s（相当于 2 级风）；
◆ 相对湿度大于 90%；
◆ 雨、雪环境。

【考点3】柔性管道回填施工质量检查与验收（☆☆☆☆）[20年单选，22年案例]

◆ 管基有效支承角范围内应采用中粗砂填充密实，与管壁紧密接触。
◆ 沟槽回填从管底基础部位开始到管顶以上 500mm 范围内，必须采用人工回填。
◆ 管道回填时间宜在一昼夜中气温最低时段，从管道两侧同时回填，同时夯实。
◆ 同一沟槽中有双排或多排管道但基础底面的高程不同时，应先回填基础较低的沟槽。
◆ 采用轻型压实设备时，应夯夯相连；采用压路机时，碾压的重叠宽度不得小于 200mm。

 柔性管道的沟槽回填质量控制是柔性管道工程施工质量控制的关键。

【考点 4】城市管廊施工质量检查与验收（☆☆☆）

◆综合管廊工程沟槽（基坑）开挖前，应根据围护结构的类型、工程水文地质条件、施工工艺和地面荷载等因素制定安全专项施工方案，经审批后方可施工。

◆沟槽（基坑）支护应具有足够的强度、刚度和稳定性。

◆沟槽（基坑）的开挖应遵守"对称平衡、分层分段（块）、限时挖土、限时支撑"的原则。

◆沟槽（基坑）的支撑应遵循"开槽支撑、先撑后挖、分层开挖、严禁超挖"的原则。

◆现浇钢筋混凝土结构综合管廊模板施工前，应根据结构形式、施工工艺、设备和材料供应条件进行模板及其支架设计。

◆综合管廊采用盾构法施工，应根据管廊的断面设计、工程地质和水文地质条件、沿线地形、建（构）筑物、地下管线等环境条件以及地层变形的控制要求，结合开挖、衬砌、施工安全、经济和工期等因素进行盾构选型和确定配套设备。

◆浅埋暗挖法工程施工应根据水文地质、工程地质条件、对周边建筑物影响等因素选择开挖方式和支护方式。

 直击考点 这几条内容是不是很适合多选题的命题？

【考点 5】城市非开挖管道施工质量检查与验收（☆☆☆☆）
[21 年单选，18 年多选，17 年案例]

1. 顶管施工质量控制

```
                    ┌──────────────────┐
                    │  顶管施工质量控制  │
                    └──────────────────┘
```

| 应根据土质条件、周围环境控制要求、顶进方法、各项顶进参数和监控数据、顶管机工作性能等，确定顶进、开挖、出土的作业顺序和调整顶进参数 | 管道顶进过程中，应遵循"勤测量、勤纠偏、微纠偏"的原则 | 采用水泥砂浆、粉煤灰水泥砂浆等易于固结或稳定性较好的浆液置换泥浆填充管外侧超挖、坍落等原因造成的空隙 |

图 1K420130-2 顶管施工质量控制

 直击考点 既是多选题的命题素材，又是案例题的命题素材。

2. 定向钻施工质量控制

◆根据管径、管道曲率半径、地层条件、扩孔器类型等确定一次或分次扩孔方式。

◆扩孔时严格控制回拉力、转速、泥浆流量等技术参数。

◆回拖时严格控制钻机回拖力、扭矩、泥浆流量、回拖速率等技术参数。

 直击考点 可作为多选题的命题素材。

1K420140 市政公用工程施工安全管理

【考点1】施工安全风险识别与预防措施（ ☆☆☆☆ ）[17年单选，13、15、16年案例]

1. 影响施工安全生产的主要因素

影响施工安全生产的主要因素　　　　　　　　　　　　　　　　表 1K420140-1

主要因素	内容
人的不安全行为	企业资质管理、安全生产许可证管理和各类专业人员持证上岗制度是保证人员素质的重要管理措施
物的不安全状态	对施工机具（械）、材料、设备、安全防护用品等物资的控制
作业环境的不安全因素	包括工程技术环境、工程作业环境、现场自然环境、工程周边环境
管理缺陷	要建立、持续改进和严格执行安全生产规章制度

 项目部应从人、物、环境和管理等方面采取有针对性地控制，把好安全生产"六关"，即措施关、交底关、教育关、防护关、检查关、改进关。

2. 安全风险识别与分析流程

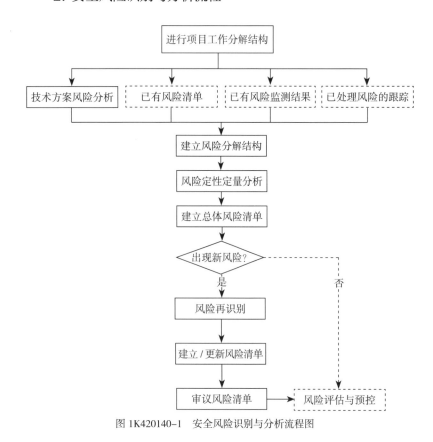

图 1K420140-1　安全风险识别与分析流程图

风险分析方法可采用专家调查法、故障树分析法、项目工作分解结构－风险分解结构分析法等。

3. 安全风险等级描述及接受准则

安全风险等级描述及接受准则　　　　　　　　　　　　表 1K420140-2

风险等级	风险描述	接受准则
Ⅰ级	风险最高，风险后果是灾难性的，并造成恶劣的社会影响和政治影响	完全不可接受，应立即排除
Ⅱ级	风险较高，风险后果很严重，可能在较大范围内造成破坏或有人员伤亡	不可接受，应立即采取有效的控制措施
Ⅲ级	风险一般，风险后果一般，对工程可能造成破坏的范围较小	允许在一定条件下发生，但必须对其进行监控并避免其风险升级
Ⅳ级	风险较低，风险后果在一定条件下可忽略，对工程本身以及人员等不会造成较大损失	可接受，但应尽量保持当前风险水平和状态

 安全风险接受准则是项目开展安全风险评估和安全风险管控工作的重要依据。

【考点 2】施工安全保证计划编制和安全管理要点（☆☆☆☆☆）
　　　　[13、14、15、18、20 年案例]

1. 安全保证计划的主要内容

> 编制依据、项目概况、施工平面图、控制目标、控制程序、组织机构、职责权限、规章制度、资源配置、安全措施、检查评价、奖惩措施等。

 安全保证计划一般由项目部组织编制，经上级部门审批后执行。

2. 安全隐患的"五定"

定整改责任人	定整改措施	定整改完成时间	定整改完成人	定整改验收人

> **口助诀记**　"三个人在一定的时间内采取一定的措施完成。"

3. 发生情况时应及时进行安全生产计划评估

> ◆适用法律法规和标准发生变化；
> ◆企业、项目部组织机构和体制发生重大变化；
> ◆发生生产安全事故；
> ◆其他影响安全生产管理的重大变化。

 项目部应定期对安全保证计划的适宜性、符合性和有效性进行评估。

4. 总承包单位配备项目专职安全生产管理人员应当满足的要求

总承包单位配备项目专职安全生产管理人员应当满足的要求 表 1K420140-3

人数	建筑工程、装修工程	土木工程、线路管道、设备安装工程
不少于 1 人	1 万 m² 以下的工程	5000 万元以下的工程
不少于 2 人	1 万 ~ 5 万 m² 的工程	5000 万 ~ 1 亿元的工程
不少于 3 人，且按专业配备专职安全生产管理人员	5 万 m² 及以上的工程	1 亿元及以上的工程

 建筑工程、装修工程按照建筑面积配备；土木工程、线路管道、设备安装工程按照工程合同价配备。

5. 分包单位配备项目专职安全生产管理人员应当满足的要求

分包单位配备项目专职安全生产管理人员应当满足的要求 表 1K420140-4

分包单位	专职安全生产管理人员应当满足的要求
专业承包单位	应当配置至少 1 人
劳务分包队伍	施工人员在 50 人以下的，应当配备 1 名专职安全生产管理人员
	施工人员在 50 ~ 200 人的，应当配备 2 名专职安全生产管理人员
	施工人员在 200 人及以上的，应当配备 3 名及以上专职安全生产管理人员

 专业承包单位根据所承担的分部分项工程的工程量和施工危险程度增加。劳务分包队伍根据所承担的分部分项工程施工危险实际情况增加，不得少于工程施工人员总人数的 5‰。

6. 总承包人与分包人安全管理责任

◆安全控制由总承包人负责。
◆总承包人应审查分包人的安全施工资格和安全生产保证体系。
◆在分包合同中应明确分包人安全生产责任和义务。
◆分包人应服从总承包方的安全生产管理。

 总承包人与分包人就安全管理承担连带责任。

7. 入场三级安全教育的主要内容

入场三级安全教育的主要内容　　　　　表 1K420140-5

三级安全教育	主要内容
公司	从业人员安全生产权利和义务；本单位安全生产情况及规章制度；安全生产基本知识；有关事故案例等
项目	作业环境及危险因素；可能遭受的职业伤害和伤亡事故；岗位安全职责、操作技能及强制性标准；安全设备设施的使用、劳动纪律及安全注意事项；自救互救、急救方法、疏散和现场紧急情况的处理
班组	本班组生产工作概况；工作性质及范围；本工种的安全操作规程；容易发生事故的部位及劳动防护用品的使用要求；班组安全生产基本要求；岗位之间工作衔接配合的安全注意事项

 新进场的工人，必须接受公司、项目、班组的三级安全培训教育，经考核合格后，方可上岗。

8. 安全技术交底应符合的规定

◆安全技术交底应按施工工序、施工部位、分部分项工程进行。
◆安全技术交底应结合施工作业场所状况、特点、工序，对危险因素、施工方案、规范标准、操作规程和应急措施进行交底。
◆安全技术交底必须在施工作业前进行。安全技术交底应留有书面材料，由交底人、被交底人、专职安全员进行签字确认。
◆施工方案实施前，编制人员或项目负责人应当向现场管理人员和作业人员进行安全技术交底。
◆分包单位应根据每天工作任务的不同特点，对施工作业人员进行班前安全交底。

 项目负责人、生产负责人、技术负责人和专职安全员应按分工负责安全技术措施和专项方案交底、过程监督、验收、检查、改进等工作内容。

9. 安全标志

◆施工现场入口处、施工起重机械、临时用电设施、脚手架、出入通道口、楼梯口、电梯井口、孔洞口、桥梁口、隧道口、基坑边沿、爆破物及有害危险气体和液体存放处等属于危险部位，应当设置明显的安全警示标志。
◆对夜间施工或人员经常通行的危险区域、设施，应安装灯光示警标志。
◆施工现场应设置重大危险源公示牌。
◆施工现场应绘制安全标志布置图。

 根据危险部位的性质不同分别设置禁止标志、警告标志、指令标志、指示标志，夜间留设红灯示警。

10. 应急救援预案的类型

应急救援预案的类型   表 1K420140-6

类型	内容
综合应急预案	是指生产经营单位为应对各种生产安全事故而制定的综合性工作方案，是本单位应对生产安全事故的总体工作程序、措施和应急预案体系的总纲
专项应急预案	是指生产经营单位为应对某一种或者多种类型生产安全事故，或者针对重要生产设施、安全风险源、重大活动防止生产安全事故而制定的专项性工作方案
现场处置方案	是指生产经营单位根据不同生产安全事故类型，针对具体场所、装置或者设施所制定的应急处置措施

 当专项应急预案与综合应急预案中的应急组织机构、应急响应程序相近时，可不编写专项应急预案。事故风险单一、危险性小的生产经营单位，可只编制现场处置方案。

11. 应急救援预案的编制、备案、演练

◆项目部应急预案的编制应当遵循以人为本、依法依规、符合实际、注重实效的原则，以应急处置为核心，体现自救互救和先期处置的特点。
◆应急预案自公布之日起 20 个工作日内，按照分级属地原则，应进行备案。
◆每年至少组织一次综合应急预案演练或者专项应急预案演练，每半年至少组织一次现场处置方案演练。

 实行施工总承包的由总承包单位统一组织编制建设工程生产安全事故应急预案。

【考点 3】施工安全检查的方法和内容（☆☆☆）[18 年单选]

1. 安全检查的形式

安全检查的形式   表 1K420140-7

形式	内容
定期检查	总承包工程项目部应组织各分包单位每周进行安全检查，每月对照《建筑施工安全检查标准》至少进行一次定量检查
日常性检查	对工地进行的巡回安全生产检查及班组在班前、班后进行的安全检查等
专项检查	开展施工机具、临时用电、防护设施、消防设施等专项安全检查
季节性检查	雨期的防汛、冬期的防冻等

 定期检查是由项目负责人组织检查。日常性检查由项目专职安全员对施工现场进行每日巡检。专项检查主要是由项目专业人员开展的专项安全检查。

2. 安全管理检查评分的保证项目和一般项目

安全管理检查评分的保证项目和一般项目 　　　　表 1K420140-8

类型	内容
保证项目	安全生产责任制、施工组织设计或专项施工方案、安全技术交底、安全检查、安全教育、应急救援等
一般项目	分包单位安全管理、持证上岗、生产安全事故处理、安全标志

 安全检查方法包括常规检查、安全检查表法、仪器检查法。

1K420150 明挖基坑施工安全事故预防

【考点 1】防止基坑坍塌、淹埋的安全措施（☆☆☆）[14、15、18 年案例]

1. 基坑开挖安全控制技术措施

◆支护结构达到设计强度要求前，严禁在设计预计的滑裂面范围内堆载；临时土石方的堆放应进行包括自身稳定性、邻近建筑物地基和基坑稳定性验算。
◆地下水的控制方法主要有降水、截水和回灌等几种形式。当基坑邻近建筑物时，宜采用截水或回灌方法。
◆基坑开挖前应组织开展关键节点施工前安全条件核查，包括钻孔、成槽等动土作业和土方开挖施工，重点核查可能出现渗漏的围护体系施工质量。

 基坑工程施工过程中风险主要是基坑坍塌和淹埋。

2. 明挖基坑应急预案与保证措施

◆施工现场应配备足够的袋装水泥、土袋草包、临时支护材料、堵漏材料和设备、抽水设备等抢险物资和设备。
◆围护结构缺陷造成的渗漏一般采用下面方法处理：在缺陷处插入引流管引流，然后采用双快水泥封堵缺陷处，等封堵水泥形成一定强度后再关闭导流管。
◆基坑支护结构出现变形过大或较为危险的"踢脚"变形时，可以采用坡顶卸载，适当增加内支撑或锚杆，被动区堆载或注浆加固等处理措施。
◆基坑坍塌或失稳征兆已经非常明显时，必须果断采取回填土、砂或灌水等措施。

 注意出现危险时如何抢险。

3. 基坑围护墙体堵漏方法示意图

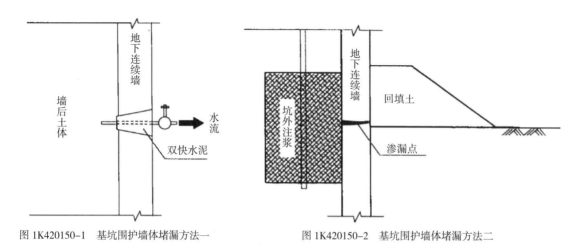

图 1K420150-1　基坑围护墙体堵漏方法一　　　　图 1K420150-2　基坑围护墙体堵漏方法二

 如果渗漏较为严重直接封堵困难时，则应首先在坑内回填土封堵水流，然后在坑外打孔灌注聚氨酯或水泥-水玻璃双液浆等封堵渗漏处，封堵后再继续向下开挖基坑，就是方法二的示意图。

【考点2】开挖过程中地下管线的安全保护措施（☆☆☆）[13年案例]

◆地下管线保护方案须征得管理单位同意后方可实施。
◆对于基坑开挖范围内的管线，应与建设单位、规划单位和管理单位协商确定管线拆迁、改移和悬吊加固措施。
◆开工前，由建设单位召开调查配合会，由产权单位指认所属设施及其准确位置，设明显标志。

 记住这几个单位就可以。

1K420160 城市桥梁工程施工安全事故预防

【考点1】桩基施工安全措施（☆☆☆）[21年案例]

1. 沉入桩与混凝土灌注桩施工安全控制的范围

 多选题的命题素材。

沉入桩与混凝土灌注桩施工安全控制的范围　　　　　　　　　　表 1K420160-1

类型	范围
沉入桩	桩的制作、桩的吊运与堆放和沉入施工
混凝土灌注桩	施工场地、护筒埋设、护壁泥浆、钻孔施工、钢筋笼制作及安装和混凝土浇筑

2. 沉入桩施工安全控制要点

◆ 预制构件的吊环必须采用未经冷拉的 HPB300 级热轧钢筋制作，严禁以其他钢筋代替。
◆ 钢筋码放时，整捆码垛高度不宜超过 2m，散捆码垛高度不宜超过 1.2m。
◆ 加工成型的钢筋笼、钢筋网和钢筋骨架等应水平放置。码放高度不得超过 2m，码放层数不宜超过 3 层。
◆ 预制混凝土桩起吊时的强度应符合设计要求，设计无要求时，混凝土应不小于设计强度的 75%。
◆ 混凝土桩堆放时应上下对准，堆放层数不宜超过 4 层。
◆ 钢桩堆放应采取防滚动措施，堆放层数不得超过 3 层。
◆ 根据桩的设计承载力、桩深、工程地质、桩的破坏临界值和现场环境等状况选择适宜的沉桩方法和机具。

 注意数值的要求。

3. 钻孔灌注桩施工安全控制要点

◆ 钻孔应连续作业。相邻桩之间净距小于 5m 时，邻桩混凝土强度达 5MPa 后，方可进行钻孔施工；或间隔钻孔施工。
◆ 泥浆沉淀池周围应设防护栏杆和警示标志。
◆ 加工成型的钢筋笼应水平放置，码放高度不得超过 2m，码放层数不宜超过 3 层。
◆ 应根据钢筋质量、钢筋骨架外形尺寸、现场环境和运输道路等情况，选择适宜的运输车辆和吊装机械。
◆ 浇筑水下混凝土漏斗的设置高度应依据孔径、孔深、导管内径等确定。

 沉入桩与钻孔灌注桩施工时，加工成型的钢筋笼码放要求一致。

【考点 2】模板、支架和拱架施工安全措施（☆☆☆☆☆）[16、20、22 年案例]

◆ 作业人员应经过专业培训、考试合格，持证上岗，并应定期体检，不适合高处作业者，不得进行搭设与拆除作业。
◆ 进行搭设与拆除作业时，作业人员必须戴安全帽、系安全带、穿防滑鞋。
◆ 当搭设高度和施工荷载超过有关规范或规定范围时，必须经结构计算和安全性验算确定，并按规定组织专家论证。
◆ 脚手架不得与模板支架相连接。
◆ 严禁在脚手架上拴缆风绳、架设混凝土泵等设备。
◆ 脚手架支搭完成后应与模板、支架和拱架一起进行检查验收。
◆ 模板、支架和拱架拆除现场应设作业区，其边界设警示标志。
◆ 模板、支架和拱架拆除应按施工方案或专项方案要求由上而下逐层进行，严禁上下同时作业。

 很容易考查案例分析题。

【考点 3】箱涵顶进施工安全措施（☆☆☆）[22 年单选]

1. 铁道线路加固方法与措施

铁道线路加固方法与措施　　　　　　　　　　　　表 1K420160-2

类型	加固方法与措施
小型箱涵	可采用调轨梁或轨束梁的加固法
跨径较大的箱涵	可用横梁加盖、纵横梁加固、工字轨束梁或钢板脱壳法
特殊情况	可采用低高度施工便梁方法

 特殊情况是指土质条件差、地基承载力低、开挖面土壤含水量高，铁路列车不允许限速的情况。

2. 箱涵顶进施工作业安全措施

◆施工现场（工作坑、顶进作业区）及路基附近不得积水浸泡。
◆应按规定设立施工现场围挡，有明显的警示标志，隔离施工现场和社会活动区，实行封闭管理。
◆列车通过时，严禁挖土作业，人员应撤离开挖面。
◆箱涵顶进过程中，任何人不得在顶铁、顶柱布置区内停留。
◆箱涵顶进过程中，当液压系统发生故障时，严禁在工作状态下检查和调整。

 都是禁止性的要求。

【考点 4】旧桥拆除施工安全措施（☆☆☆）

1. 旧桥拆除施工安全基本规定

◆拆除工程施工区域应设置硬质封闭围挡及醒目警示标志，围挡高度不应低于 2.5 m，非施工人员不得进入施工区。
◆作业人员使用手持机具（风镐、液压锯、水钻、冲击钻等）时，严禁超负荷或带故障运转。
◆施工现场应设置消防车通道，宽度应不小于 4m，现场消火栓控制范围不宜大于 40m。
◆施工现场应配备足够的灭火器材，每个设置点的灭火器数量以 2 ~ 5 具为宜。

 桥梁拆除工程必须由具备爆破或拆除专业承包资质的单位施工，严禁将工程非法转包。

2. 桥梁拆除施工准备

◆施工单位与建设单位应签订安全生产管理协议，明确双方的安全管理责任。
◆建设单位应在拆除工程开工前 15d，将资料报送建设工程所在地的县级以上地方人民政府建设行政主管部门备案。

 直击考点 建设单位报送的资料包括：施工单位资质登记证明；拟拆除桥梁、构筑物及可能危及毗邻建筑的说明；拆除施工组织方案或安全专项施工方案；堆放、清除废弃物的措施。

3. 桥梁拆除安全施工管理

桥梁拆除安全施工管理　　　　　　　　　　表 1K420160-3

方法	管理要求
人工拆除	应从上至下、逐层拆除、分段进行，不得垂直交叉作业
	拆除挡土墙时，严禁采用掏掘或推倒的方法
	桥梁的承重梁、柱，应在其所承载的全部构件拆除后，再进行拆除
机械拆除	应从上至下，逐层分段进行
	应先拆除非承重结构，再拆除承重结构
	对只进行部分拆除的桥梁，必须先将保留部分加固，再进行分离拆除
爆破拆除	爆破拆除工程应做出安全评估并经当地有关部门审核批准后方可实施
	从事爆破拆除施工的作业人员应持证上岗
	非电导爆管起爆应采用复式交叉封闭网路
	爆破拆除不得采用导爆索网路或导火索起爆方法
静力破碎	进行基础或局部块体拆除时，宜采用静力破碎的方法
	灌浆人员必须戴防护手套和防护眼镜

 直击考点 很可能就是案例分析题的命题素材。

4. 桥梁拆除安全技术管理

◆爆破拆除和被拆除桥梁面积大于 1000m² 的拆除工程，应编制安全施工组织设计。
◆被拆除桥梁面积小于 1000m² 的拆除工程，应编制安全施工方案。
◆遇有大雨、大雪、六级（含）以上大风时，严禁进行拆除作业。
◆拆除工程施工前，必须对施工作业人员进行书面安全技术交底。

 直击考点 施工组织设计或安全专项施工方案应经施工单位技术负责人和总监理工程师签字批准后实施。施工过程中，如需变更，应经原审批人批准，方可实施。

1K420170 隧道工程和非开挖管道施工安全事故预防

【考点1】盾构法施工安全措施（☆☆☆）[17年单选]

◆ 在不稳定地层换刀时，必须采用地层加固或气压法等措施，确保开挖面的稳定。
◆ 带压进仓换刀采用两种不同动力装置，保证不间断供气。
◆ 穿越江河地段施工过程中，采用快凝早强注浆材料，加强同步注浆和二次补充注浆。

 在以下特殊地段和特殊地质条件施工时，必须采取施工措施确保施工安全：覆土厚度不大于盾构直径的浅覆土层地段；小曲线半径地段；大坡度地段；地下管线地段和地下障碍物地段；建（构）筑物地段；平行盾构隧道净间距小于盾构直径70%的小净距地段；江河地段；地质条件复杂（软硬不均互层）地段和砂卵石地段。

【考点2】暗挖法施工安全措施（☆☆☆）[13年单选，17年案例]

1. 工作井施工安全措施

◆ 工作井不得设在低洼处且井口应比周围地面高300mm以上。
◆ 不设作业平台的工作井周围必须设防护栏杆，护栏高度不低于1.2m，栏杆底部500mm应采取封闭措施。
◆ 井口2m范围内不得堆放材料。
◆ 工作井内梯道应设扶手栏杆，梯道的宽度不应小于1.0m。
◆ 在Ⅳ级、Ⅴ级围岩中进行锚喷支护时，锚喷支护必须紧跟开挖面。
◆ 使用电动葫芦运输应设缓冲器，轨道两端应设挡板。

 工作井施工应编制危险性较大分部分项工程专项施工方案和施工现场临时用电方案；专项施工方案应组织专家论证。

2. 隧道施工安全措施

◆ 必须事先编制爆破方案，报城市主管部门批准，并经公安部门同意后方可施工。
◆ 两条平行隧道（含导洞）相距小于1倍洞跨时，其开挖面前后错开距离不得小于15m。
◆ 初期支护应预埋注浆管，结构完成后，及时注浆加固，填充注浆滞后开挖面距离不得大于5m。
◆ 围岩自稳时间小于支护完成时间的地段，应对围岩采取锚杆或小导管超前支护、小导管周边注浆等安全技术措施。
◆ 当围岩整体稳定性难以控制或上部有特殊要求可采用管棚支护。

 隧道在稳定岩体中可先开挖后支护，支护结构距开挖面不宜大于5m；在不稳定岩土体中，支护必须紧跟土方开挖工序。

【考点 3】非开挖管道施工安全措施（☆☆☆）

◆应编制施工组织设计、危险性较大分部分项工程专项施工方案和施工现场临时用电方案等，并按规定组织专家论证。
◆在有限空间内作业时的人数不得少于 2 人。
◆在有限空间内作业前必须进行气体检测，合格后方可进行现场作业。
◆工作坑井口应比周围地面高 300mm 以上。
◆井口周围必须设防护栏杆，高度不低于 1.2m。

 几个数值要求记忆一下。

1K420180 市政公用工程职业健康安全与环境管理

【考点 1】职业健康安全管理体系的要求（☆☆☆）[13 年案例]

1. 项目职业健康安全管理体系

◆必须由总承包单位负责策划建立。
◆项目负责人（经理）是项目职业健康安全生产的第一责任人。

 项目职业健康安全管理体系包含组织机构、程序、过程和资源等基本内容。

2. 风险控制措施计划项目主要内容

风险控制措施计划项目主要内容表　　　　　　　　　表 1K420180-1

工程概况	控制目标	控制程序	组织结构	职责权限
规章制度	资源配置	安全措施	检查评价	奖惩制度

 项目职业健康安全风险控制措施计划应由项目负责人（经理）主持编制，经有关部门批准后，由专职安全管理人员进行现场监督实施。

3. 项目施工安全生产"六关"

项目施工安全生产"六关"一览表　　　　　　　　　表 1K420180-2

措施关	交底关	教育关	防护关	检查关	改进关

 施工过程中人的不安全行为、物的不安全状态、作业环境的不安全因素和管理缺陷是项目职业健康安全控制的重点。

【考点2】环境管理体系的要求（☆☆☆）

◆企业环境管理体系重在对环境因素和运行的控制，对污染预防措施、资源（能源）节约措施的效果以及重大环境因素控制结果等环境绩效进行监测评价，对运行控制、目标指标、环境管理方案的实现程度进行监测。

◆企业环境管理体系应通过体系审核和管理评审等手段，以促进企业管理水平持续改进。

◆项目部应提出源头减量、分类管理、就地处置、排放控制的具体措施。

 环境管理体系的宗旨是遵守法律法规及其他要求，实现持续改进和污染预防的环境承诺。

1K420190 市政公用工程竣工验收与备案

【考点1】工程竣工验收要求（☆☆☆☆☆）[13、22年单选，20年多选，17年案例]

1. 施工质量验收程序

施工质量验收程序   表 1K420190-1

工程	组织者	参加者
检验批验收	专业监理工程师	施工单位项目专业质量（技术）负责人
分项工程验收		
分部工程（子分部）验收	总监理工程师	施工单位项目负责人和项目技术、质量负责人
		对于地基与基础、主体结构、主要设备等，其勘察、设计单位工程项目负责人也应参加验收
单位工程竣工预验收	总监理工程师	专业监理工程师。验收时，总包单位应派人参加
单位工程竣工验收	建设单位（项目）负责人	施工（含分包单位）、设计、勘察、监理等单位（项目）负责人

 单位工程完工后，施工单位应自行检查评定。

2. 施工质量验收基本规定

 单选题的命题素材。

◆工程质量的验收均应在施工单位自检合格的基础上进行。

◆隐蔽工程在隐蔽前应由施工单位通知监理工程师或建设单位专业技术负责人进行验收。

◆单位工程的验收人员应具备工程建设相关专业中级以上技术职称并具有5年以上从事工程建设相关专业的工作经历，参加单位工程验收的签字人员应为各方项目负责人。

◆涉及结构安全的试块、试件以及有关材料，应按规定进行见证取样检测。

◆对涉及结构安全、使用功能、节能、环境保护等重要分部工程应进行抽样检测。

3. 质量验收合格的依据

质量验收合格的依据

表 1K420190-2

检验批	分项工程	分部（子分部）工程	单位（子单位）工程
主控项目与一般项目的质量应经抽样检验合格	所含的验收批质量验收全部合格	所含分项工程的质量验收全部合格	所含分部（子分部）工程的质量验收全部合格
主材的进场验收和复验合格，试块、试件检验合格	—	—	主体结构试验检测、抽查结果以及使用功能试验应符合相关规范规定
主要工程材料的质量保证资料以及相关试验检测资料齐全、正确；具有完整的施工操作依据和质量检查记录	所含的验收批的质量验收记录应完整、正确；有关质量保证资料和试验检测资料应齐全、正确	质量控制资料应完整	
工程质量控制资料应准确齐全、真实有效，且具有可追溯性	—	涉及结构安全、节能、环境保护和主要使用功能的质量应按规定验收合格	所含分部（子分部）工程有关安全、节能、环境保护和主要使用功能的检测资料应完整
—	—	外观质量验收应符合要求	

 对比学习，有助记忆。

4. 竣工验收规定

竣工验收规定

表 1K420190-3

类型	内容
单项工程验收	施工单位已自验合格，监理工程师已初验通过，在此条件下进行的正式验收
全部验收	施工单位自验通过，总监理工程师预验认可，由建设单位组织，有设计、监理、施工等单位参加的正式验收
办理竣工验收签证书	必须有建设单位、监理单位、设计单位及施工单位的签字方可生效

 分清楚应该由哪个单位组织或者参与。

5. 工程竣工报告应包括的主要内容

◆工程概况。
◆施工组织设计文件。

◆工程施工质量检查结果。
◆符合法律法规及工程建设强制性标准情况。
◆工程施工履行设计文件情况。
◆工程合同履约情况。

 工程竣工报告由施工单位编制，在工程完工后提交建设单位。

【考点2】工程档案编制要求（☆☆☆）[13年案例]

施工资料管理基本规定

◆施工资料应有建设单位签署的意见或监理单位对认证项目的认证记录。
◆施工资料应由施工单位编制和保存；其中部分资料应移交建设单位、城建档案馆分别保存。
◆总承包工程项目，由总承包单位负责汇集施工资料；分包单位应主动向总承包单位移交有关施工资料。

 工程资料应实行分级管理，分别由建设、监理、施工单位主管负责人组织本单位工程资料的全过程管理工作。

【考点3】工程竣工备案的有关规定（☆☆☆）[15年案例]

竣工验收备案的程序

经施工单位自检
↓合格后
由施工单位在工程完工后向建设单位提交工程竣工报告，申请竣工验收，并经总监理工程师签署意见
↓符合竣工验收要求
建设单位负责组织勘察、设计、施工、监理等单位组成的专家组实施验收
↓竣工验收合格之日起15d内
建设单位提交竣工验收报告，向工程所在地县级以上地方人民政府建设行政主管部门（备案机关）备案
↓收到建设单位报送的竣工验收备案文件
备案机关验证文件齐全后，应当在工程竣工验收备案表上签署文件收讫
↓竣工验收之日起5个工作日内
市场监督管理部门应向备案机关提交工程质量监督报告
↓验收合格后
城建档案管理部门必须出具工程档案认可文件

图 1K420190-1 竣工验收备案的程序

 建设单位必须在竣工验收7个工作日前将验收的时间、地点及验收组名单书面通知负责监督该工程的工程质量监督机构。

【考点4】城市建设工程档案管理与报送的有关规定（☆☆☆）

◆列入城建档案管理机构接收范围的工程，建设单位在工程竣工验收备案前，必须向城建档案管理机构移交一套符合规定的工程档案。

◆停建、缓建建设工程的档案，可暂由建设单位保管。

◆城市建设工程档案组卷应分专业按单位工程（分为基建文件、施工文件、监理文件和竣工图）分类组卷。

 直击考点 当地城建档案管理机构负责接收、保管和使用城市建设工程档案的日常管理工作。

1K430000 市政公用工程项目施工相关法规与标准

1K431000 相关法律法规

【考点1】城市道路管理的有关规定（☆☆☆）

◆因工程建设需要挖掘城市道路的，应当经市政工程行政主管部门和公安交通管理部门批准。
◆因特殊情况需要临时占用城市道路的，须经市政工程行政主管部门和公安交通管理部门批准。
◆埋设在城市道路下的管线发生故障需要紧急抢修的，可以先行破路抢修，在24h内按照规定补办批准手续。
◆经批准挖掘城市道路的，应当在施工现场设置明显标志和安全防围设施。

 主要在办理批准手续。

1K432000 相关技术标准

【考点1】城镇道路工程施工与质量验收的有关规定（☆☆☆）

◆沥青混合料面层不得在雨、雪天气及环境最高温度低于5℃时施工。
◆道路施工应满足道路结构的强度、稳定性及耐久性要求。
◆路基填筑应按不同性质的土进行分类分层压实。
◆路基高边坡施工应制定专项施工方案。
◆热拌普通沥青混合料施工环境温度不应低于5℃。
◆热拌改性沥青混合料施工环境温度不应低于10℃。
◆热拌沥青混合料路面应待摊铺层自然降温至表面温度低于50℃后，方可开放交通。

 单选题的命题素材。

【考点2】城市桥梁工程施工与质量验收的有关规定（☆☆☆）

◆桥梁和地道应设置防水措施和排水系统。
◆对位于通航河流或有漂流物的河流中的桥梁墩台应采取防撞措施。
◈单孔跨径不小于150m的特大桥，施工前应根据建设条件、桥型、结构、工艺等特点，针对技术难点和质量安全风险点编制专项施工方案、监测方案和应急预案。
◆斜拉桥施工必须对主梁各个施工阶段的拉索索力、主梁标高、塔梁内力及索塔位移量等进行监测。
◆悬索桥的索鞍安装时应根据设计提供的预偏量就位，在加劲梁架设、桥面铺装过程中应按设计提供的数据逐渐顶推到永久位置。

 这里可能会是多选题的采分点。

【考点3】地下铁道工程施工及验收的有关规定（☆☆☆）

◆喷锚暗挖隧道施工应制定施工全过程的监控量测方案及工程应急处理预案。
◆喷锚暗挖隧道开挖面必须保持在无水条件下施工。
◈喷锚暗挖隧道采用钻爆法施工时，必须事先编制爆破方案，报城市主管部门批准，并经公安部门同意后方可实施。
◆盾构施工专项施工方案和应急预案应根据盾构类型、地质条件和工程实践制定。
◆盾构法隧道施工壁后注浆应根据工程地质条件、地表沉降状态、环境要求及设备性能等选择注浆方式。

 了解一下。

【考点4】给水排水构筑物施工及验收的有关规定（☆☆☆）[20年单选]

1. 进场主要原材料、半成品、构（配）件、设备的验收内容

进场原材料、半成品、构（配）件、设备验收内容一览表　　　　表 1K432000-1

订购合同	质量合格证书	性能检验报告	使用说明书	进口产品的商检报告及证件

 混凝土、砂浆、防水涂料等现场配制的材料应经检测合格后使用。

2. 水池气密性试验的要求

◆消化池满水试验合格后，还应进行气密性试验。
◆测读池内气压的初读数与末读数之间的间隔时间应不少于24h。

 水池气密性试验合格标准：（1）试验压力宜为池体工作压力的1.5倍。（2）24h的气压降不超过试验压力的20%。

【考点5】给水排水管道工程施工及验收的有关规定（ ☆☆☆ ）[20年单选，21年多选]

◆各分项工程完成后，应进行检验。
◆相关各分项工程之间必须进行交接检验。
◆隐蔽分项工程应进行隐蔽验收。
◆压力管道水压试验前，除接口外，管道两侧及管顶以上回填高度不应小于0.5m。
◆水泥砂浆内防腐层可采用机械喷涂、人工抹压、拖筒或离心预制法施工。
◆水泥砂浆抗压强度应符合设计要求，且不低于30MPa。
◆普通硅酸盐水泥砂浆养护时间不应少于7d。
◆矿渣硅酸盐水泥砂浆不应少于14d。

 水泥砂浆内防腐层成形后，应立即将管道封堵，终凝后进行潮湿养护。

【考点6】城市供热管网工程施工及验收的有关规定（ ☆☆☆ ）

◆应有负责焊接工艺的焊接技术人员、检查人员和检验人员。
◆直埋保温管接头外观不应出现过烧、鼓包、翘边、褶皱或层间脱离等缺陷。
◆直埋保温管接头外护层安装完成后，必须全部进行气密性检验并应合格。

 了解的知识。

【考点7】城镇燃气输配工程施工及验收的有关规定（ ☆☆☆ ）[17年单选]

聚乙烯燃气管道连接的要求

聚乙烯燃气管道连接的要求　　　　　　　　　　　　　　表 1K432000-2

类型	连接的要求
聚乙烯管材与管件、阀门的连接	应采用热熔对接或电熔连接方式，不得采用螺纹连接或粘接，不得采用明火加热连接
聚乙烯管材与金属管道或金属附件连接	应采用钢塑转换管件连接或法兰连接，当采用法兰连接时，宜设置检查井

 聚乙烯管材、管件和阀门的连接在下列情况下应采用电熔连接：（1）不同级别（PE80与PE100）；（2）熔体质量流动速率差值大于等于 0.5g/（10min）（190℃，5kg）；（3）焊接端部标准尺寸比（SDR 值）不同；（4）公称外径小于 90mm 或壁厚小于 6mm。

【考点 8】城市综合管廊工程的有关规定（☆☆☆）

> ◆ 天然气管道应在独立舱室内敷设。
> ◆ 热力管道采用蒸汽介质时应在独立舱室内敷设。
> ◆ 热力管道不应与电力电缆同舱敷设。
> ◆ 混凝土底板和顶板应连续浇筑，不得留施工缝，设计有变形缝时，应按变形缝分仓浇筑。

 综合管廊模板施工前，应根据结构形式、施工工艺、设备和材料供应条件进行模板及支架设计。

【考点 9】工程测量及监控量测的有关规定（☆☆☆）

> ◆ 基坑工程施工前，应编制基坑工程监测方案。
> ◆ 应根据基坑支护结构的安全等级、周边环境条件、支护类型及施工场地等确定基坑工程监测项目、监测点布置、监测方法、监测频率和监测预警值。
> ◆ 基坑降水应对水位降深进行监测，地下水回灌施工应对回灌量和水质进行监测。
> ◆ 逆作法施工应进行全过程工程监测。

 这是最后一个考点，学完后是不是很有信心了，你一定可以通过考试的。

图书在版编目（CIP）数据

市政公用工程管理与实务考霸笔记/全国一级建造
师执业资格考试考霸笔记编写委员会编写.—北京：中
国城市出版社，2023.5
（全国一级建造师执业资格考试考霸笔记）
ISBN 978-7-5074-3605-1

Ⅰ.①市… Ⅱ.①全… Ⅲ.①市政工程－工程管理－
资格考试－自学参考资料 Ⅳ.① TU99

中国国家版本馆CIP数据核字（2023）第085233号

责任编辑：余　帆
责任校对：党　蕾
书籍设计：强　森

全国一级建造师执业资格考试考霸笔记
市政公用工程管理与实务考霸笔记
全国一级建造师执业资格考试考霸笔记编写委员会　编写
＊
中国建筑工业出版社、中国城市出版社出版、发行（北京海淀三里河路9号）
各地新华书店、建筑书店经销
北京海视强森文化传媒有限公司制版
北京市密东印刷有限公司印刷
＊
开本：880毫米×1230毫米　1/16　印张：11¾　字数：316千字
2023年6月第一版　2023年6月第一次印刷
定价：**68.00**元
ISBN 978-7-5074-3605-1
　　（904611）